Olivier Frédéric Laurent Manette

Codage spatio-temporel des neurones cortico-motoneuronaux

Olivier Frédéric Laurent Manette

Codage spatio-temporel des neurones cortico-motoneuronaux

ou comment le cerveau parle à nos muscles? Je
pense à mon bras qui se lève et mon bras se lève

Presses Académiques Francophones

Impressum / Mentions légales

Bibliografische Information der Deutschen Nationalbibliothek: Die Deutsche Nationalbibliothek verzeichnet diese Publikation in der Deutschen Nationalbibliografie; detaillierte bibliografische Daten sind im Internet über http://dnb.d-nb.de abrufbar.

Alle in diesem Buch genannten Marken und Produktnamen unterliegen warenzeichen-, marken- oder patentrechtlichem Schutz bzw. sind Warenzeichen oder eingetragene Warenzeichen der jeweiligen Inhaber. Die Wiedergabe von Marken, Produktnamen, Gebrauchsnamen, Handelsnamen, Warenbezeichnungen u.s.w. in diesem Werk berechtigt auch ohne besondere Kennzeichnung nicht zu der Annahme, dass solche Namen im Sinne der Warenzeichen- und Markenschutzgesetzgebung als frei zu betrachten wären und daher von jedermann benutzt werden dürften.

Information bibliographique publiée par la Deutsche Nationalbibliothek: La Deutsche Nationalbibliothek inscrit cette publication à la Deutsche Nationalbibliografie; des données bibliographiques détaillées sont disponibles sur internet à l'adresse http://dnb.d-nb.de.

Toutes marques et noms de produits mentionnés dans ce livre demeurent sous la protection des marques, des marques déposées et des brevets, et sont des marques ou des marques déposées de leurs détenteurs respectifs. L'utilisation des marques, noms de produits, noms communs, noms commerciaux, descriptions de produits, etc, même sans qu'ils soient mentionnés de façon particulière dans ce livre ne signifie en aucune façon que ces noms peuvent être utilisés sans restriction à l'égard de la législation pour la protection des marques et des marques déposées et pourraient donc être utilisés par quiconque.

Coverbild / Photo de couverture: www.ingimage.com

Verlag / Editeur:
Presses Académiques Francophones
ist ein Imprint der / est une marque déposée de
OmniScriptum GmbH & Co. KG
Heinrich-Böcking-Str. 6-8, 66121 Saarbrücken, Deutschland / Allemagne
Email: info@presses-academiques.com

Herstellung: siehe letzte Seite /
Impression: voir la dernière page
ISBN: 978-3-8416-2270-9

Codage spatio-temporel des neurones cortico-motoneuronaux

Olivier F.L. MANETTE

21 janvier 2014

Table des matières

Table des figures

Liste des tableaux

Résumé

Le système Cortico-Motoneuronal (CM) est composé de populatio+ns de neurones situées dans le Cortex Moteur qui réalisent des prolongements axoniques directs vers les motoneurones de la moelle épinière. Il participe à la réalisation de mouvements volontaires de la main et particulièrement pour les mouvements qui nécessitent un haut degré de dextérité. Les cellules CM réalisent des connexions monosynaptiques avec les motoneurones impliqués dans ces mouvements. Il est par conséquent particulièrement pertinent de s'intéresser au codage de l'information en relation avec l'activité musculaire dans l'activité de ces neurones.

Le but de ce travail de thèse a été de comprendre à la fois, i) Quelle est l'information transmise par le système CM ? ii) Comment est codée cette information ? Pour cela nous avons utilisé des enregistrements de neurones CM et des enregistrements de l'activité musculaire (EMG) chez le Macaque lors de la réalisation d'une tâche de préhension entre le pouce et l'index. Pour déterminer le codage utilisé par les neurones CM, nous avons utilisé un perceptron multicouches à délai temporel (TDMLP) que nous avons entraîné afin de déterminer la fonction de transfert donnant l'EMG à partir de l'activité CM.

Les résultats obtenus montrent qu'il existe 2 types de codage de l'activité EMG par le neurone CM : Un codage en fréquence et un codage temporel. Le codage en fréquence a la particularité d'être défini dans l'activité binaire du neurone avec un délai correspondant à la latence entre le pic d'activité CM et le pic EMG. Le codage en fréquence défini les grandes variations de l'activité EMG. A cela s'ajoute un codage temporel des petites variations de l'EMG avec un délai de l'ordre du délai de transmission. En effet, de nombreux indices ont

11

corrélé la fréquence moyenne des PAs dans une fenêtre avec les grandes variations de l'EMG. De plus, nous avons trouvé des patrons temporels de PAs en
relation avec l'amplitude des petites variations de l'EMG mesuré par le post-
spike variation (PSV). Le PSV est la dérivée de l'EMG centrée sur un PA.
Un codage temporel a été observé dans l'activité de 28 neurones CM sur les
45 analysés. Ces patrons, une fois utilisés comme entrée de TDMLP entraînés
ont influencé l'EMG d'une manière prédictible selon le type de patron. L'occurrence des patrons est plus importante pendant la période de maintien que
pendant les périodes de mouvement. Or, la fréquence moyenne de décharge des
neurones CM est généralement supérieure pendant la période de mouvement,
ceci révèle une indépendance dans la modulation en temporel et en fréquentielle
de l'activité CM. De plus, une meilleure utilisation du codage temporel par les
neurones CM peut permettre de transmettre une plus grande quantité d'information par ces neurones à chaque instant et donc être mise en relation avec
une meilleure réalisation de la tâche comportementale. Tous ces résultats expé-
rimentaux ont été regroupés dans un modèle formel et explicatif, le TempUnit,
se basant sur le principe de la sommation temporelle. Le modèle TempUnit a
montré de meilleures capacités que le TDMLP pour prédire l'activité EMG à
partir de l'activité CM.

Liste des abbréviations

1DI Muscle 1er Dorsal Interosseux.

AbPB Muscle Abducteur Pollis Brevis.

AbPL Muscle Abducteur Pollis Longus.

AdP Muscle Adducteur Pollicis.

CM Cortico-Motoneuronal.

CME CM Effect, effet supposé de l'activité d'une cellule CM.

ECR Muscle Extenseur Carpi Radialis.

EDC Muscle Extenseur Digitorum Communis.

EMG Electromyogramme, activité électrique des muscles.

FDP Muscle Flexeur Digitorum Profundus.

FIR Finite Impulse Response, filtre numérique à réponse impulsionnelle finie.

GAN Graphe d'activité Neuronal, visualisation sous la forme d'un graphe de l'activité d'un neurone.

PTN Pyramidal Tract Neuron, neurone de la voie pyramidale.

MLP Multi-Layer Perceptron, réseau de neurone "feedforward".

MPI Mean Percent Increase, mesure de l'amplitude de l'effet PSF.

PA Potentiel d'action, le terme anglais "spike" peut également être utilisé.

PPSE Potentiel Post Spike Excitateur, augmentation du potentiel de membrane d'un neurone après l'arrivée d'un spike.

PPSI Potentiel Post-Spike Inihibiteur, diminution du potentiel de membrane d'un neurone après l'arrivée d'un spike.

PSF Post-Spike Facilitation, petite augmentation de l'EMG en moyenne après un spike.

PSS Post Spike Suppression, petite diminution de l'EMG en moyenne après un spike.

PSTH Peri Stimulus Time Histogram.

RST Reduced Spike Train, sous ensemble d'un train de PAs plus vaste.

SPS Séquence Précise de Spikes, ou pattern temporel précis.

STA Spike Triggered Averaging, méthode permettant de voir un effet PSF ou PSS.

TDMLP Time Delayed MLP, MLP avec des entrées correspondant à une période de temps.

TempUnit Modèle de neurone formel basé sur un mécanisme de sommation temporel expliqué au chapitre V.

Liste des symboles et variables

x : entrée binaire de norme p (activité CM)

v : fonction de base du neurone TempUnit (PPSE ou PPSI)

r : sortie réelle (potentiel de membrane)

w : poids synaptique

k : biais

f : sortie réelle pondérée (activité EMG)

p : norme de la durée d'un PPSE

Chapitre 1

INTRODUCTION GÉNÉRALE ET PROTOCOLES

1.1 La main

1.1.1 La main fait l'homme

L'Homme doit beaucoup au développement exceptionnel de sa main. C'est en effet grâce à cette main qu'il lui a été possible d'acquérir de nombreuses compétences techniques et artistiques par [1] la fabrication de toutes sortes d'objets. Du point de vue social, c'est la main que l'on montre et que l'on agite pour communiquer de nombreuses émotions. C'est la main que l'on tend pour saluer. Sur le plan culturel, les premières peintures rupestres représentant des mains humaines datent de dizaines de milliers d'années et ont été découvertes en Afrique, Asie, Europe et Océanie (Chazine, 1999c). Nos lointains ancêtres avaient-ils déjà compris la puissance et l'avantage que leur conférait l'usage de cette main ? Pourquoi les représentaient-ils dans les grottes ? Force est de constater que la main a joué, joue et jouera sans conteste un rôle central dans le développement de ce qu'est et ce que sera l'Homme. Car nombre de nos activités, qui font de nous ce que nous sommes, dont la production et l'utilisation d'outils, le geste et la communication, l'écriture, la peinture et la musique, sont fondées sur l'utilisation des habiletés manuelles. On ne peut être qu'en admira-

---

1. adaptation réciproque de l'organe et de la fonction

tion devant la diversité de formes et d'utilisations qu'elle peut avoir. Aristote fût le premier à le clamer : "La main peut être une pince, un marteau, une corne ou une lance ou une épée ou n'importe quelle arme ou outil. Elle peut tout être car elle a la capacité de saisir ou maintenir n'importe quoi."

1.1.2   Un outil complexe

La main de l'Homme est un outil unique et complexe qui, comme les autres membres, combine un organe d'exécution et de sensation. Sa complexité se manifeste déjà d'un point de vue anatomique. La main et le poignet se composent de 27 os et 39 muscles. On compte deux catégories de muscles permettant d'animer la main. Ceux qui sont situés dans l'avant-bras sont les muscles extrinsèques et ceux qui sont situés directement dans la main sont les muscles intrinsèques (MacKenzie et Iberall, 1994 ; Tubiana, 1981). La complexité ne tient pas seulement au nombre de muscles et d'os qui composent la main, mais aussi à la façon particulière dont les muscles intrinsèques et extrinsèques s'associent de manière à contrôler les articulations. L'action concertée et harmonieuse d'une multitude de muscles est nécessaire pour produire un mouvement d'un degré élevé de dextérité comme ceux généralement exécutés par la main de l'Homme. En effet, les articulations de la main sont contrôlées par des combinaisons tout à fait spécifiques des muscles intrinsèques et extrinsèques. Ces muscles contrôlent par le biais de leurs tendons non pas une mais 3 à 4 articulations simultanément tandis que les muscles intrinsèques ne contrôlent généralement qu'une seule articulation. Et du fait de toutes ces particularités, le contrôle fin, précis et indépendant des doigts est une réalisation très complexe. On observe deux types de configurations d'activités musculaires qui se manifestent par des mouvements différents.

La configuration antagoniste où les muscles antagonistes s'activent de façon à déclencher le mouvement dans un sens ou dans un autre. Cette organisation antagoniste s'observe dans la plupart des articulations du squelette et c'est aussi le cas typique des mouvements du poignet.

La configuration co-controlée s'exprime par une co-contraction des muscles agonistes et antagonistes permettant un contrôle simultané de la raideur et de la force. Les mouvements concernés par cette seconde configuration sont les mouvements de préhension et de manipulations fines. Ce sont bien sûr les mouvements les plus caractéristiques de la main et ceux qui lui donnent toute son efficacité. Le paradigme d'étude principal des mouvements précis des doigts est le mouvement de préhension entre le pouce et l'index, permet un contrôle précis de la force exercée entre ces doigts.

1.2 Le système corticospinal et corticomotoneuronal

L'une des grandes questions est de comprendre le fonctionnement de l'ensemble des intervenants neuronaux permettant d'effectuer des mouvements d'une grande dextérité par la main. De nombreuses structures motrices cérébrales participent à ces mouvements et aussi à d'autres types de mouvements mais, toutes ces structures du Système Nerveux Central (SNC) ont une sortie unique, la voie commune finale par les fibres axoniques des motoneurones. Le Cortex Cérébral avec ses sorties Cortico-Spinales (CS) vers les Noyaux moteurs du Tronc cérébral et vers la Moelle épinière a un accès direct vers la voie commune finale. D'autres structures motrices, parmi lesquelles les Ganglions de la base mais aussi le Cervelet ont un accès indirect vers la voie commune finale par l'intermédiaire des sorties CS. Pour les mouvements de la main, le cortex cérébral joue un rôle majeur comme le montrent des observations cliniques (Colebatch et Gandevia, 1989) et des études expérimentales chez le Primate (Evarts, 1981 ; Hepp-Reymond, 1988). La voie CS est formée de près d'1 million de fibres chez l'Homme et aux alentours de 400 000 chez le Macaque. Ces fibres sont issues de diverses régions du cortex : des aires motrices tout d'abord avec le Cortex Moteur primaire (M1), le Cortex prémoteur (PM), l'aire motrice supplémentaire (SMA) mais aussi le Cortex Cingulaire dans le lobe frontal et l'aire somatosensorielle dans le Cortex pariétal (Dum et Strick, 1991 ; He et al., 1993 ; He et al., 1995). Les neurones pyramidaux de la couche V du Cortex sont à l'origine de la voie CS (Jones et Wise, 1977). Via leurs arbres dendritiques, ils intègrent les informations issues de nombreuses sources centrales et périphériques et projettent ensuite vers différents centres sous-corticaux. Les fibres CS descendent vers le pont par la capsule interne pour atteindre des structures telles que le Noyau rouge, la formation réticulée, et les noyaux de la colonne dorsale. La plupart des fibres croisent dans le Bulbe rachidien inférieur et descendent en suivant la voie CS latérale, en établissant des connexions à tous les niveaux de la moelle épinière : la corne dorsale, la zone intermédiaire et la couche IX de la corne ventrale (Armand, 1982).

On observe, en particulier chez le primate (Porter et Lemon, 1993), que certaines fibres CS projettent directement vers les motoneurones spinaux qui innervent les muscles. Ces connexions monosynaptiques entre les neurones pyramidaux et les motoneurones de la moelle épinière ont été appelées "cortico-motoneuronales" (CM). Elles participent au contrôle de la dextérité (Bernhard et al., 1953). Le système CM permet d'effectuer des mouvements indépendants des doigts. Il participe essentiellement à l'exécution et non à la planification ou à la programmation des mouvements de la main (Jeannerod et al., 1984). Toutes les connexions CM sont excitatrices et des inhibitions se font indirectement par l'intermédiaire des interneurones (Jankowska et al., 1976). La stimulation électrique des neurones CM provoque une augmentation du potentiel des motoneurones. Ce phénomène est appelé EPSP, acronyme de « Excitatory Post-Synaptic Potentiel » et signifie un Potentiel Post-synaptique Excitateur. On observe donc un EPSP plus important dans les motoneurones des muscles les plus distaux, c'est à dire les muscles de la main et des doigts que dans les motoneurones des muscles les plus proximaux situés dans les bras (Clough et Sheridan, 1968). Ce sont des lésions expérimentales faites chez l'animal qui ont le plus clairement démontré l'implication du système CS/CM dans les mouvements de la main. Les lésions bilatérales des pyramides (pyramidotomie bilatérale) du Singe ont aboli complètement sa capacité à effectuer des mouvements fins des doigts (Tower, 1940). Des études plus précises ont été faites plus tard et, montré que les singes ayant subi cette opération ont un comportement normal : ils peuvent courir, sauter et grimper normalement. Par contre, ils ont complètement perdu la capacité de effectuer des mouvements relativement indépendants des doigts (Lawrence et Kuypers, 1968). L'étude de Lawrence et Kuyper a démontré l'importance de la voie pyramidale dans les mouvements indépendants des doigts. Mais d'autres preuves ont encore démontré l'implication du système CM dans le contrôle de la dextérité. Une première indication de son importance vient de l'étude de la phylogénie. La voie CM apparait tard dans la phylogénie et est liée à un important niveau de précision du contrôle moteur. Le système CS est apparu assez tard au cours de l'évolution chez les Mammifères supérieurs (Heffner et Masterton, 1975b ; Heffner et Masterton, 1983) avec pour fonction un rôle prédominant dans l'élaboration des commandes motrices (Phillips et Porter, 1977). Les connexions CM apparaissent encore plus tard dans l'évolution avec une relation directe entre le nombre de fibres et le degré de dextérité (Heffner et Masterton, 1975a ; Lawrence et Hopkins, 1976). L'ensemble témoigne d'un haut niveau de complexité et de perfectionnement des systèmes CS et en particulier CM. Ce système CM est caractéristique de la commande motrice chez les primates, et il est particulièrement bien développé chez les singes de l'Ancien Monde, tels que le Macaque et les grands singes. Mais c'est chez l'Homme qu'il est le plus développé : Le système CM y est particulièrement développé pour la commande des muscles de la main et son développement normal est essentiel pour l'exécution de mouvements précis des doigts chez l'Homme (Armand et al., 1997 ; Galea et Darian-Smith, 1995 ; Olivier et al., 1997).

On comprend donc qu'il est important d'étudier le système CM parce qu'il est l'acteur principal de l'exécution des mouvements du plus haut degré de complexité et de précision dont l'Homme est capable, et aussi parce que le système CM témoigne d'un haut niveau de perfectionnement phylogénétique du système nerveux.

Ce mémoire de thèse présente 2 études du système CM :

1. Quelle est l'information transmise par le système CM ?

2. Comment est codée cette information ?

Deux écoles principales se sont distinguées dans l'étude de ces problèmes.   La première approche privilégie un calcul explicite des commandes motrices : c'est la dynamique inverse (Dornay et al., 1996 ; Kawato et al., 1987 ; Kawato et al., 1988 ; Raibert, 1978 ; Schweighofer et al., 1998). Les propriétés particulières du système effecteur limitent les corrections de la trajectoire en temps réel. En effet, les temps de conduction sont trop long par rapport à la durée du phénomène pour que le système nerveux soit à la fois informé de la position et de la vitesse du bras et puisse en fonction de ces retours corriger la trajectoire. Le temps de transmission de l'information vers le cerveau est tel que le mouvement peut être terminé et l'information est donc périmée. Le Système Nerveux doit donc posséder un modèle interne lui permettant de prédire le comportement de la chaîne articulaire avant d'envoyer la commande motrice (Kawato, 1999). De nombreuses données ont été rassemblées basées sur l'étude de patients cérébelleux précisant la présence d'un modèle interne qui serait implémenté au niveau du cervelet. La particularité de cette approche explicite est qu'au moyen des modèles internes, le système nerveux central peut envoyer aux systèmes effecteurs un pattern d'activation musculaire complet qui peut être directement effectué par les muscles. L'inconvénient de cette approche réside dans la complexité inhérente au calcul inverse. En effet le calcul inverse nécessite un grand nombre de paramètres et est de plus un problème à solution indéterminée dans le sens ou il existe plus d'une solution possible.

L'autre approche propose l'élaboration de la trajectoire sans détailler les activités musculaires, mais en transmettant, à la place, des paramètres dits de haut niveaux tels que les variables cinématiques comme les couples et les forces souhaités pour le mouvement. Les détails de la trajectoire seraient alors réalisés au niveau des systèmes de bas niveaux de l'effecteur. On trouve plusieurs variantes de cette seconde approche suivant le degré de finesse voulue parmi lesquelles les 2 principales sont : la théorie du point d'équilibre (Bizzi et al., 1976 ; Feldman,

1986 ; Gomi et Kawato, 1996) et la théorie de la trajectoire virtuelle (Bizzi et al., 1984 ; Feldman et al., 1995 ; Flanagan et al., 1993 ; Flash, 1987 ; Gribble et al., 1998) sont les deux principales. Le modèle du point d'équilibre de Feldman (Feldman, 1986) propose un contrôle du mouvement en se servant simplement des propriétés élastiques des muscles des membres à contrôler. Chaque position du membre est définie par les paramètres de raideur des muscles agonistes et antagonistes. Il suffirait donc d'envoyer cette information de raideur pour que le membre se mette en mouvement jusqu'à atteindre son point d'équilibre final. Les détails de la trajectoire seraient déterminés par les propriétés d'inertie et de viscoélasticité des effecteurs et des muscles. Les centres de haut niveau, situés dans le cortex, définiraient donc la position finale et enveiraient ces paramètres à une fonction de bas niveau qui se chargerait d'exécuter le mouvement.

1.3 Le codage des neurones

1.3.1 Généralités

Le principal problème de cette étude sera donc de décoder l'activité des neurones CM afin de déterminer l'information qu'ils transmettent à la moelle épinière. Il est communément accepté que l'information est encodée par des populations de neurones plutôt que par chaque neurone de façon indépendante. Mais la compréhension de la nature du codage dans ces populations de neurones reste encore un objectif majeur à atteindre. Différentes théories ont été proposées comprenant le codage en fréquence (Sherrington, 1906 ; Eccles, 1957 ; Barlow, 1969 ; Georgopoulos et al., 1982), le codage temporel (von der Malsburg et Bienenstock, 1986 ; Singer, 1993 ; Singer, 1994a ; Singer et Gray, 1995) et le codage spatio-temporel (Buzsáki, 1989 ; Buzsáki et Chrobak, 1995 ; Hopfield, 1995 ; Lisman et Idiart, 1995 ; Skaggs et McNaughton, 1996). Par la suite, lorsque nous parlerons de codage en fréquence, il s'agit de la fréquence moyenne mesurée pendant un certain intervalle de temps. A l'opposé la fréquence instantanée, plus précise, mesure l'intervalle entre 2 PAs sans supposer un quelconque intervalle de calcul. Une séquence particulière de fréquences instantanées est appelé un pattern (ou patron) temporel qui constitue un codage temporel. Nous opposons ainsi le codage en fréquence (fréquence moyenne) et codage temporel (séquence de fréquences instantanées), car la précision requise par le neurone pour produire ces 2 types de codes est bien moindre dans le premier cas que dans le second cas. De plus, le codage en fréquence semble plus destiné à coder une valeur discrète comme la pression, la température, la douleur à un instant donnée, alors que le codage temporel semble plus destiné à coder une séquence particulière : Ce que nous développerons plus au chapitre V.

1.3.2   Le codage en fréquence

La théorie du codage en fréquence a été pour la première fois évoquée par Sherrington (1906). La théorie qui propose que les neurones intègrent et déchargent est en accord avec un codage en fréquence (Knight, 1972) : Par intégration, on entend que chaque neurone somme les activités d'entrées et sa réponse est une certaine fréquence de décharge qui dépend de l'entrée. **C'est la constante de temps de l'intégration qui permet de déterminer l'intervalle de temps de calcul de la fréquence moyenne.** Cela a été vérifié par une étude de l'enregistrement des fibres des récepteurs sensoriels de la peau (Adrian et Zotterman, 1926). Les auteurs ont montré que chaque fibre est activée par un type particulier de stimulus (pression, température, ou douleur) et y répond par une fréquence de décharge (moyenne) qui dépend directement du logarithme de l'intensité du stimulus. D'autres études ont confirmé ces résultats, dont le travail d'Eccles en 1957 basé sur l'enregistrement de fibres de la moelle épinière. Plus tard, il a été montré que toutes les fibres sensorielles qui terminent dans la moelle épinière montrent une activité de décharge dont la fréquence dépend de l'intensité du stimulus (Darian-Smith et al., 1973). Il a également été démontré que le codage en fréquence est très adapté à un codage en population où les caractéristiques spécifiques d'un stimulus peuvent être codées grâce à un principe de réduction des redondances (Barlow, 1961 ; Barlow, 1969 ; Barlow, 1972 ; Georgopoulos et al., 1982) : Mais un codage en fréquence est t'il implémenté pour toutes les structures, comme cela a été observé pour les structures sensorielles ? La question qui nous intéresse en particulier, est de savoir si ce codage est implémenté au niveau du système CM. C'est ce que nous allons vérifier dès le chapitre suivant.

1.3.3 Le codage temporel par synchronisation

Alors que les informations sensorielles sont transférées par des voies parallèles dans le but de transférer des informations issues de capteurs différents par des voies différentes, au contraire, le système nerveux central converge toutes les informations vers des centres d'intégration et les centres effecteurs. Les interactions sont plus complexes dans ces centres et les timings précis d'arrivée des informations sont alors plus critiques dans ces réseaux dans les réseaux sensoriels. Le système CM est lui aussi le fruit de l'intégration des activités provenant de nombreuses zones du cerveau. Il n'est par conséquent pas évident qu'en calculant la fréquence moyenne des neurones CM on puisse décoder l'activité issue d'une telle intégration.

Une autre possibilité, serait le codage temporel par synchronisation. En utilisant une simulation par un réseau de neurones ,von der Malsburg a suggéré que la liaison des caractéristiques d'un même stimulus distribuées dans le réseau peut être réalisée par des activations synchronisées (binding problem : von der Malsburg et Bienenstock, 1986). Une autre étude a montré que la synchronisation permet également de lier l'activité de plusieurs neurones de manière dynamique en fonction du contexte (Riehle et al., 1997b). La précision de la synchronisation était de 5ms. Or, une autre étude à mesuré la constante de temps moyenne des récepteurs AMPA-kainate pour les récepteurs visuels du chat (Hestrin, 1992). Deux potentiels synchronisés dans cette fenêtre de temps sont ainsi plus en mesure de permettre la décharge du neurone post-synaptique que des potentiels asynchrones (Konig et al., 1996). Ces neurones seraient ainsi capables de détecter des synchronisations avec une précision allant jusqu'à 2ms. Ils pourraient, de cette manière, y avoir un rôle dans l'extraction des caractéristiques communes à un objet particulier.

Ces décharges favorisées par des neurones synchronisés ont tendance à imprimer un rythme intrinsèque d'oscillation gamma (~40Hz) au système nerveux dans des boucles de rétro-contrôles (Jefferys et al., 1996 ; Joliot et al., 1994).

Outre la liaison d'informations distribuées, un avantage certain de l'utilisation d'un codage temporel par rapport à un pur codage en fréquence moyenne est d'augmenter la vitesse du traitement et de transmission de l'information : l'intégration fiable de trois potentiels consécutifs prend au moins ~15ms (König et al., 1996), alors que les neurones corticaux sont capables de détecter des coïncidences dans les entrées à une échelle de temps de l'ordre de 2 à 5 millisecondes (König et al., 1996).

1.3.4 Le codage temporel

Le codage temporel par séquences de potentiels peut être une autre forme de codage temporel. Nous appelons codage temporel une forme de codage déterminant les mots[2] transmis par une séquence précise de fréquence instantanée de décharge du neurone. La précision de décharge requise par les neurones serait la même que pour les synchronisations. Aux chapitres IV, V et VI, l'hypothèse d'un codage temporel par génération de séquences précises de PAs sera examinée, ainsi que l'idée suggérant que la capacité de production de séquences précises pourrait être à la base des capacités de synchronisation sur plusieurs neurones.

---

2. En théorie du codage, un mot est l'unité d'information de base. C'est une séquence de n bits qui représente une valeur numérique. Par extension, ici un mot est l'unité d'information de base produit par le neurone qui représente une valeur biologique.

1.4 La tâche et les données [3]

1.4.1 La procédure expérimentale

Nous cherchons donc à répondre à la question suivante :

quel type d'information le système CM envoi-t-il aux systèmes effecteurs, le système spinal et le système musculaire ?

Le paradigme d'étude principal est le mouvement de préhension entre le pouce et l'index avec un contrôle précis de la force exercée entre ces doigts (figure 1.1). L'expérience a donc consisté à entraîner un Macaque à presser un ressort entre son pouce et son index, à maintenir une certaine force pendant une seconde puis à relâcher. Un signal sonore signale au singe qu'il a correctement maintenu la force. Il reçoit alors une récompense sous la forme d'un morceau de fruit. Il y a donc une phase dynamique de mouvement des doigts : l'augmentation de la force et le déplacement des deux leviers, suivie d'une phase statique au cours de laquelle la force de la prise de précision est maintenue constante.

1.4.2 Identification des cellules CM

L'enregistrement de l'activité des neurones CM a été effectuée simultanément à celui de leurs muscles cibles (figure 1.2).

La technique du "spike triggered averaging"

Afin d'identifier ces neurones, la technique du spike triggered averaging (STA) a été appliquée (figure 1.3). L'explication succincte de cette méthode introduira le concept de "Post-Spike Facilitation" (PSF) et de Compensation automatique du gain.

---

3. Le protocole expérimental ainsi que l'enregistrement des données ont été réalisées par A. Jackson, S. Baker et R. Lemon à l'institue de Neurologie de Londres. L'analyse de ces données à la base des conclusions présentées dans cette thèse a été réalisée à l'unité INSERM U483 et U742 à Paris.

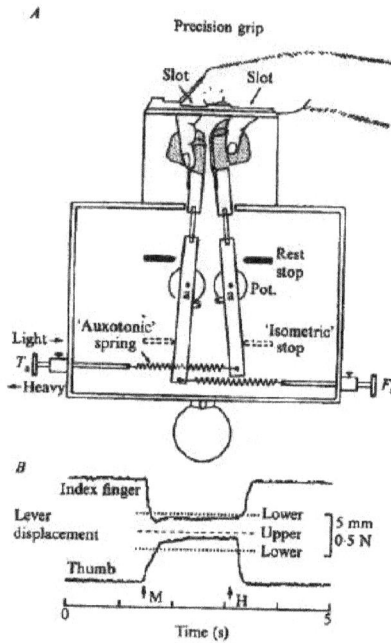

FIGURE 1.1: Schéma du manipulateur utilisé pour l'étude du mouvement de préhension entre le pouce et l'index chez le singe et enregistrements typiques de la force.

A : Schéma du manipulateur. Les doigts sont insérés dans le manipulateur et peuvent agir sur deux leviers indépendants. Les déplacements sont détectés par des potentiomètres (Pot) montés sur les leviers. La charge des ressorts auxotoniques peut-être ajustée par des vis F_a et T_a telles que montrées sur la figure. Le débatement des leviers est limité par des butées isométriques.
B : Enregistrements typiques de la pression exercée par les doigts d'un singe bien entraîné pour une zone de force bien définie. Le premier mouvement des leviers est indiqué par la flèche M. Le singe est récompensé s'il maintient les deux leviers pendant un temps compris entre 1 et 3 secondes. La fin de la période de maintien est signalée par la flèche H. L'échelle verticale représente une force de 0,5 N ou 5mm de déplacement. (figure d'après Lemon, 1993).

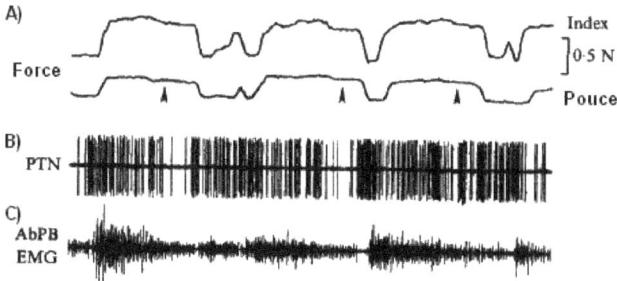

FIGURE 1.2: Un échantillon d'enregistrement pendant la réalisation d'une tâche de serrage de précision.

A) les forces exercées par l'index et le pouce. Les têtes de flèches indiquent la fin d'un essai réussi.
B) l'enregistrement au même moment d'un neurone PTN. Chaque trait vertical indique une activation du neurone (un potentiel d'action).
C) l'enregistrement EMG du muscle Abducteur Brevis Polis (AbPB) qui contrôle le mouvement du pouce. (D'après Lemon, 1993)

Les cellules prémotrices ou neurones prémoteurs (préMN) ont des connexions monosynaptiques directes avec les motoneurones et peuvent être identifiées chez l'animal éveillé. Cette identification a été démontrée chez le singe avec l'identification des neurones CM du Cortex Moteur Primaire (M1) par Fetz et son équipe (Fetz et al., 1976). La méthode utilisée a pour principe qu'une connexion monosynaptique entre un neurone de la voie pyramidale (PTN) et un motoneurone rendra dépendante la décharge de ces deux neurones. C'est-à-dire que la probabilité de décharge du motoneurone sera influencée par la décharge du neurone préMN. La technique du Spike Triggered Averaging (STA) a été mise au point par Lemon afin d'évaluer cette dépendance. Elle consiste à réaliser la moyenne de l'activité EMG[4] centrée sur la décharge d'un neurone préMN. On observe ainsi directement s'il y a ou non modification de l'activité EMG moyenne avant et après la décharge par un neurone préMN. Si on observe une courte augmentation de l'activité EMG après une latence correspondant au délai de transmission

---

4. L'ElectroMyoGramme ou EMG est lui-même dépendant de l'activité du motoneurone.

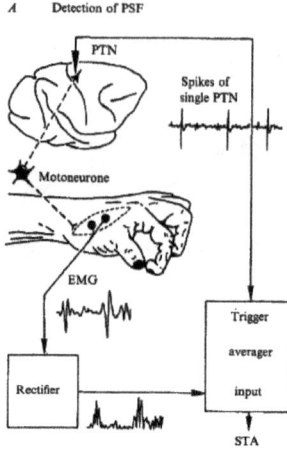

FIGURE 1.3: Schéma représentatif de la technique du spike triggered Averaging (STA).

La technique du STA permettant de détecter les PSF d'un enregistrement EMG d'un muscle de la main d'un singe. Les connexions supposées entre un PTN et un motoneurone et un muscle sont représentées par des lignes discontinues. Les EMG sont rectifiées (Rectifier) et moyennées en se guidant sur les activations PTN (Trigger averager). (figure d'après Lemon, 1993)

entre le cortex et le muscle, il s'agit d'un post-spike facilitation (PSF). Si au contraire, on observe une courte diminution, il s'agit d'un post-spike suppression (PSS).

Le PSF

L'effet PSF est considéré comme un bon marqueur des muscles cibles des neurones CM. L'amplitude du PSF peut être mesurée par la méthode du Mean Percent Increase (MPI) (Cope et al., 1986) qui donne le pourcentage d'accroissement moyen du PSF par rapport à l'activité basale de l'EMG avant le potentiel d'action. Considérant que le PSF est la marque d'une connexion monosynaptique entre le neurone enregistré et les motoneurones, son amplitude, mesurée par le MPI, représenterait le poids synaptique de la connexion.

Afin de vérifier cette assertion, L'équipe de Bennett (Bennett & Lemon, 1994) a cherché à comparer les PSF produits par 1 à 2 muscles cibles d'un même neurone CM et pour différents niveaux d'activité EMG observés pendant la période de maintien.

Sur les 42 combinaisons testées, 20 montrent une augmentation de la fréquence moyenne de décharge du neurone CM couplée à une augmentation significative de l'activité EMG, 3 montrent une diminution de la fréquence moyenne de décharge couplée à une augmentation significative de l'activité EMG et 19 ne montrent aucune relation entre la fréquence de décharge de l'activité CM et le niveau d'activité EMG. L'équipe de Bennett avec ces couples CM/muscle(s) a calculé le PSF pour différentes activités EMG et ils ont démontré que la valeur absolue de la facilitation augmente lorsqu'on passe d'une activité EMG faible à une activité EMG élevée. Et ce quelquesoit le niveau de corrélation observée entre l'activité EMG et la fréquence moyenne de décharge CM. Ce qui sera un indice important pour nous par la suite pour la recherche d'un lien entre codage temporel et l'amplitude du PSF. Par contre, la valeur relative de la facilitation peut augmenter, diminuer ou rester constante suivant le niveau EMG. Une des caractéristiques supplémentaire de la valeur relative de la facilitation par rapport à la valeur absolue est son indépendance vis à vis du niveau moyen de l'EMG. Cette caractéristique peut être expliquée par le mécanisme de compensation automatique du gain ("automatic gain compensator" dans l'article de Bennett) qui permettrait de toujours fournir le même niveau relatif de facilitation quelquesoit la valeur de l'EMG. La principale découverte relatée dans cet article de Bennett et al. concerne donc l'augmentation de la facilitation absolue avec la taille de l'EMG, ce qui a permis de la mettre en relation avec la théorie de compensation automatique du gain (fig. 1.4). Par contre, concernant la facilitation relative, toutes les combinaisons ont été trouvées rendant difficile une conclusion ferme.

L'équipe de Bennett a ensuite testé l'hypothèse selon laquelle le PSF aurait l'influence d'un poids synaptique sur les différents muscles cibles d'un même

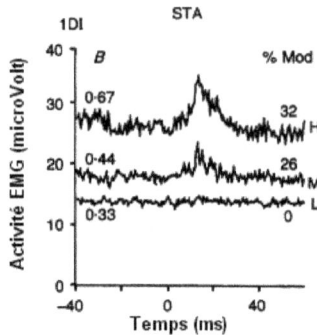

FIGURE 1.4: STA du muscle 1DI pour 3 niveaux d'activités EMG.

Un PSF survient dans les 3 cas environ 10ms après l'arrivée du spike trigger. L'amplitude du PSF varie en fonction du niveaux moyen d'activité de l'EMG : C'est la compensation automatique du gain. L'amplitude relative du PSF varie pour le même couple neurone/muscle de 0 à 32% de l'amplitude de l'activité EMG. (Bennett, et al, 1994)

neurone CM (Bennett & Lemon, 1996). Ils ont pour cela enregistrés 15 cellules CM chez 2 singes qui tous produisent un effet PSF dans au moins 2 muscles intrinsèques. Ils ont sélectionné les mouvements pour lesquels l'activité EMG d'un des muscles cibles est substantiellement supérieur à l'activité de l'autre muscle cible. La fréquence moyenne de décharge de chaque cellule CM a été mesurée pour ces périodes.

Trois groupes de cellules CM ont été trouvées pour une activité musculaire qui augmente : le set A avec 9 neurones où la fréquence moyenne de décharge du neurone CM augmente corréllée à une augmentation du PSF, le set B avec 4 neurones où la fréquence diminue corréllée à une augmentaiton du PSF et le set C contenant 2 neurones où il n'y a pas de corrélation entre la fréquence et le PSF. Les set A et B contiennent les cellules qui sont les plus actives pendant la période de mouvement plutôt que pendant la période de maintien. Pendant la période de maintien les muscles sont co-contractés, il n'est donc pas possible d'observer de différence dans leurs activités. L'amplitude du PSF d'un muscle cible varie suivant qu'on le mesure pendant la période de maintien ou pendant que l'activité des muscles cibles est différentes l'un de l'autre. Les auteurs conluent que les variations d'activité CM et que le degré de facilitation contribuent à produire des activations différentielles de leurs muscles cibles. De plus, sachant que les cellules CM sont également plus actives pendant la période de mouvement que pendant la période de maintien est un argument supplémentaire à l'influence particulière des cellules CM pendant des tâches réclamant des mouvements indépendants des doigts. Les auteurs finissent par un modèle réseau de neurones "feedforward [5]" de la connectivité CM et motoneurones vers les muscles cibles. Le PSF est le poids synaptique permettant d'expliquer avec la fréquence moyenne de décharge, l'activation reçue par chaque muscle cible [6].

Nous nous proposons de tester ce modèle au chapitre suivant. Par contre, le modèle proposé par Bennett et Lemon propose que les poids synaptiques sont variables tels qu'ils ont été observés expérimentalement. Seulement, on ne comprend pas très bien comment le PSF en tant que poids synaptique pourrait varier en fonction des besoins. En effet, si le PSF est si variable en fonction de l'influence de chaque PA sur l'EMG, il serait plus simple de voir le PSF comme une conséquence de l'effet de chaque PA que comme une cause variable de cette influence c'est à dire le poids synaptique. Car en le voyant comme une cause variable plutôt que comme une conséquence, force est de faire intervenir un autre niveau de contrôle qui serait chargé de moduler ou faire varier ce poids synaptique. Les auteurs précisent alors que ce niveau de contrôle pourrait être effectué au niveau spinal. De cette manière, l'influence réelle des cellules CM diminuerait au profit de cet autre niveau de contrôle alors inconnu. Nous testerons donc ce modèle en prenant des poids synaptiques fixe comme étant la moyenne des effets PSF au cours de l'activité CM/EMG, le MPI.

Le PSF est une petite augmentation de l'EMG dont l'amplitude ne dépasse généralement pas 10% de l'EMG comme peut en témoigner la distribution de

---

5. Le chapitre suivant testera ce modèle, une explication plus détaillée d'un réseau de neurone feedforward s'y trouvera donc.

6. Il est à noter que ce modèle est au moins valable pour expliquer les observation pour le set A ($\approx$ 65% de la population enregistrée et sélectionnée par Bennett & Lemon).

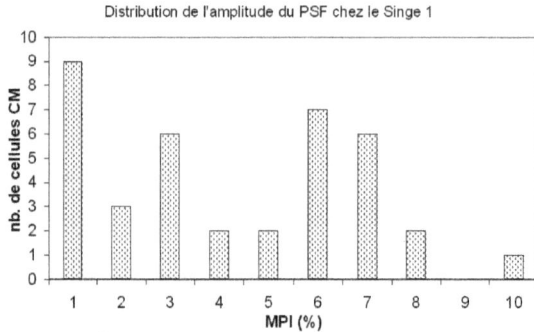

FIGURE 1.5: Distribution de l'amplitude du PSF chez le Singe 1.

l'amplitude du PSF chez le singe 1 (fig. 1.5). ***Au cours de cette thèse sera recherchée une explication pour intégrer ces petites variations de l'EMG et la variation globale de l'EMG au codage de l'activité CM.***

1.4.3   Les données

Les données enregistrées sont donc des couples composés de l'activité de neurones CM et de celle de leurs muscles cibles. Les muscles enregistrés sont bien sûr tous concernés par la tâche (figure 1.6). L'EMG des muscles suivant a été mesuré : Abducteur Pollicis Brevis (AbPB) qui élève le pouce au niveau des articulations metacarpophalange et carpometacarpale. Sa version longue avec Abducteur Pollicis Longus (AbPL) qui élève et écarte (abduction) le pouce au niveau de l'articulation carpometacarpale. Adducteur Pollicis (AdP) qui agit aussi sur l'articulation carpometacarpale pour fermer le pouce (adduction). Au niveau du poignet, a été enregistré Extenseur Carpi Radialis (ECR) qui dans la tâche demandée est important pour maintenir le poignet stable. Les muscles qui agissent sur l'ensemble des doigts en dehors du pouce tels que Flexor Digitorum Profondus (FDP) et Flexor Digitorum Superficialis (FDS) et Extenseur Digitorum (EDC) qui étend toutes les phalanges de tous les doigts. Finalement, les muscles qui permettent d'écarter les doigts, les Dorsal Interosseux. Parmi ceux

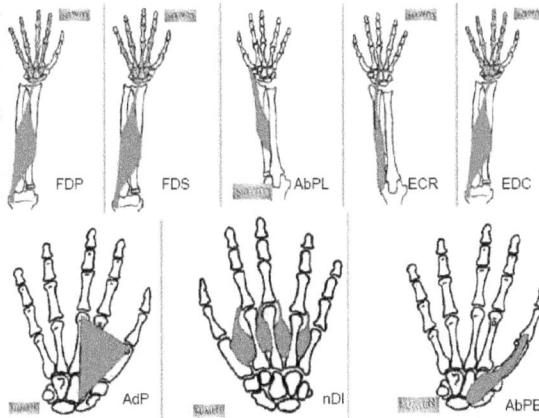

FIGURE 1.6: Implantation des principaux muscles enregistrés au niveau des articulations de la main.

Abducteur Pollicis Brevis (AbPB) ; Abducteur Pollicis Longus (AbPL) ; Extenseur Carpi Radialis (ECR) ; Extenseur Digitorum Communis (EDC) ; Adducteur Pollicis (AdP) ; les Dorsal Interosseux (nDI) ; Flexor Digitorum Profondus (FDP) Flexor Digitorum Superficialis (FDS). (Source : LUMEN : Loyola University Medical Education Network)

là, le premier est particulièrement intéressant vis à vis de la tâche demandée (1DI) car il mobilise l'articulation metacarpophalangeale de l'index.

Les tableaux suivant (table 1.1 et 1.2) montrent les données cellulaires enregistrées. Un total de 48 neurones CM enregistrés chez 2 singes ont été retenus. Pour chaque cellule est indiqué le ou les muscles cibles ainsi que la valeur du MPI calculé.

Bref rappel des questions posées et de la problématique :

Quel type d'information le système nerveux central, par le biais des neurones CM, envoi-t'il aux systèmes effecteurs, le système spinal et musculaire ?

Par extension, quelle est la fonction du système nerveux central dans la tâche de calcul des couples ? Selon la première école, la théorie du modèle interne, la commande motrice est entièrement calculée au niveau central. Selon la seconde

Neurone CM	Session	Muscle	MPI
CM01	3335a	AbPB	0,47
CM02	3336e	AbPB	4,57
CM03	3337a	AbPB	3,2
CM04	3339d	AdP	1,92
		AbPB	0,7
CM05	3339d	AdP	0,67
CM06	3339d	AdP	0,74
		AbPB	0,17
CM07	33115ab	ECR	4,66
CM08	33115ab	FDP	6,28
		FDS	6,37
CM09	33115ab	FDP	6,11
CM10	33115ab	FDP	6,13
CM11	33115ab	ECR	4,79
CM12	3344a	AbPB	5,78
		AbPL	5,46
		ABDM	4,78
CM13	3344a	AbPB	21,91
CM14	33111ab	AbPL	9,16
CM15	33118a	1DI	1,62
CM16	33122a	AbPL	2,63
		FDS	2,89
CM17	33125a	AdP	1,63
		AbPL	2,55
		1DI	2,67
CM19	33126a	EDC	4,87
CM20	33128ab	EDC	6,53
CM21	33130a	1DI	6,26
CM22	33130a	AbPB	6,53
CM23	33131a	AbPL	1,88
		FDS	5,2
CM24	33131a	ECR	4,78
CM25	33131a	EDC	2,71
CM26	33131a	AbPL	1,67
CM27	33131a	ECR	4,5

TABLE 1.1: Couples cellules CM-muscles enregistrés chez le premier singe (Singe Lilly).

Neurone CM	Session	Muscle	MPI
CM28	lilly06id4	1DI	0,8
CM30	lilly06id4	EDC	0,597
CM31	lilly06id4	EDC	0,3
CM32	lilly03id1	FDP	0,364
CM33	lilly03id1	FDP	0,314
CM34	lilly03id1	1DI	0,06
CM35	lilly03id1	ECR	1,7
CM36	lilly08id2	FDP	1,19
CM37	lilly08id2	FDP	0,425
CM39	lilly10id1	1DI	1,55
CM40	lilly14id2	ECR	1,9
CM41	lilly14id2	1DI	0,133
CM43	lilly14id2	1DI	0,186
CM44	lilly16id2	EDC	2,1
CM45	lilly16id2	1DI	0,114
CM46	lilly16id2	EDC	1,65
CM47	lilly16id2	EDC	0,611
CM48	lilly20id1	1DI	2,65
CM49	lilly20id1	AbPL	1,92
CM55	lilly23id3	AbPL	1,41
CM56	lilly23id3	1DI	0,739
CM57	lilly23id3	AbPL	1,5

TABLE 1.2: Couples cellules CM-muscles enregistrés chez le second singe (Singe Joy).

école, la théorie du point d'équilibre, la commande motrice complète se définit au fur et à mesure de l'exécution. Les systèmes centraux envoient une variable de haut niveau, la position d'équilibre.

Comment est codée cette information ?

Chapitre 2

L'HYPOTHÈSE SPATIALE

L'activité en fréquence de la population CM peut-elle permettre de prédire l'EMG ?

2.1 Résumé

Les hypothèses suivantes ont été vérifiées :

a) La fréquence de décharge des neurones CM permet de prédire l'activité électromyographique de leurs muscles cibles.

b) Cette information est distribuée au sein de la population CM.

c) L'amplitude moyenne du PSF d'un couple CM/Muscle correspond au poids synaptique de la liaison.

Chaque neurone CM ne peut reproduire qu'une bribe de l'activité musculaire globale. On appelle colonie un ensemble de neurones CM ayant le même muscle cible. Ainsi, en prenant en compte la combinaison des activités en fréquence provenant d'un nombre croissant de neurones CM d'une colonie on devrait prédire de mieux en mieux l'activité effectivement produite par le muscle cible.

En se basant sur l'hypothèse considérant que l'information envoyée par les neurones CM est codée sous la forme de leurs fréquences moyenne de décharge, nous avons comparé la somme d'un nombre croissant de fréquence CM à l'activité EMG de leur muscle cible. A mesure que l'on rajoute au calcul les activités de neurones CM supplémentaire, on devrait obtenir une courbe de plus en plus proche de l'activité EMG biologique enregistrée.

Les résultats obtenus sont mitigés. Car l'ajout de l'activité en fréquence moyenne de neurones CM supplémentaires n'a permis de diminuer l'erreur entre l'EMG calculé et l'EMG biologique que dans un nombre limité de cas. Nous pensons donc vérifier que la fréquence moyenne associé au PSF en tant que poids synaptique est bien le code pertinent de l'information envoyée par les neurones CM.

2.2   Introduction

2.2.1   La fréquence de décharge comme mesure de l'activité des neurones corticaux.

Chez le singe, plusieurs populations neuronales contribuent à l'activation des motoneurones (Fetz et al., 1989 ; Fetz et al., 1996) et donc à l'activité EMG. Toutefois, parce que ces sources convergent vers les mêmes motoneurones, il est difficile d'évaluer leurs contributions dans la sortie EMG. Les cellules cortico-motoneuronales (CM) réalisent des connexions monosynaptiques excitatrices sur les motoneurones (Fetz et Cheney, 1980 ; Lemon et al., 1986). Pourtant, la fréquence de décharge des cellules CM a été mise en relation avec différents paramètres du mouvement, comme par exemple la force (Cheney et Fetz, 1980 ; Maier et al., 1993), ou avec des paramètres de bas niveaux tel que l'activité EMG (Maier et al., 1993).

2.2.2   L'effet post spike comme mesure du lien synaptique entre la cellule CM et le motoneurone.

La présence d'une facilitation post spike (PSF) ou d'une dépression (PSS) dans un Spike Triggered Averaged (STA) est interprétée comme un indice d'un lien synaptique sous-jacent liant la cellule corticale enregistrée avec les motoneurones de ses muscles cibles (Fetz et Cheney, 1980 ; Kasser et Cheney, 1985 ; Lemon et al., 1986 ; McKiernan et al., 2000). En établissant les STAs pour plusieurs muscles d'un membre, il est possible de déterminer le « champ musculaire » d'une cellule CM. Un champ musculaire est défini comme un groupe de muscles agonistes et/ou antagonistes qui est activé ou inhibé par une cellule CM pendant un mouvement volontaire (Buys et al., 1986 ; Fetz et Cheney, 1979 ; Fetz et Cheney, 1980 ; Kasser et Cheney, 1985). De plus, l'identification des cellules corticales possédant un lien synaptique avec les motoneurones permet d'utiliser l'amplitude du PSF ou PSS comme mesure de la force de facilitation ou de dépression de la cellule corticale sur ces motoneurones cibles (Buys et al., 1986 ; Fetz et Cheney, 1980 ; Kasser et Cheney, 1985 ; McKiernan et al., 2000). Le MPI peut ainsi être considéré comme une bonne mesure du poids synaptique liant un neurone CM à un muscle cible particulier.

2.2.3 Hypothèse : Le système CM fonctionne comme un perceptron

Partant des deux constats précédents, nous déduisons que le système CM pourrait être essentiellement décrit comme un réseau "feedforward" qui est une catégorie de réseau de neurones où toutes les connexions sont tournées vers l'avant et possède donc une entrée et une sortie, contrairement aux réseaux récurrents où les connexions peuvent former des boucles, autrement dit, revenir au point de départ.

L'entrée du réseau serait l'activité en fréquence instantanée des neurones CM et les poids synaptiques vers l'unité de sortie seraient déterminés par le MPI (augmentation moyenne de la facilitation post-spike dans l'activité EMG). La figure 2.1 donne un aperçu d'une colonie de neurones CM suivant ce schéma "feedforward". Leurs fréquences moyennes sont combinées et pondérées par les MPI. Si l'hypothèse est exacte, cette somme pondérée devrait être proche de l'activité du muscle cible de cette colonie. Et d'autant plus proche que l'on rajoute l'activité de neurones CM au calcul. Une autre conséquence concerne la

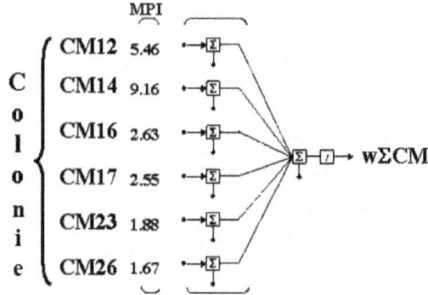

FIGURE 2.1: Représentation graphique de l'hypothèse spatiale.

Le système CM est représenté tel un réseau feedforward. L'activité des neurones d'entrée est la fréquence de décharge des cellules CM et le poids synaptique est le MPI du couple CM-muscle considéré. Ici sont représentés les neurones d'une colonie enregistrée dans notre base de données.

relation entre le MPI et l'activité EMG. Sachant que plus le poids synaptique est fort et plus l'influence du neurone considéré sera grande sur l'activité du muscle et en se basant sur l'hypothèse déterminant le MPI comme le poids synaptique de la connexions entre la cellule CM et le muscle, nous pouvons en conclure que nous devrions trouver une plus grande relation entre l'activité CM des neurones présentant un fort MPI avec l'EMG de leur muscle cible qu'entre l'activité CM et l'EMG des neurones à faible MPI. Pour vérifier cette déduction nous avons donc regardé si l'erreur entre l'activité en fréquence CM et l'activité EMG dépendait ou non du MPI liant le couple.

2.3 Méthodes

2.3.1 Détection et alignement des essais

Nous souhaitons déterminer l'activité de la colonie pour une tâche correctement exécutée. Pour cela, nous calculons la somme pondérée par le MPI des fréquences instantanées des neurones CM au cours du temps pendant la tâche.

Nous devons donc dans un premier temps sélectionner les essais correctement réalisés par le singe. Ces essais doivent avoir des durées à peu près semblables. Nous avons considéré comme semblables des essais ayant des durées différant de moins de 250ms. Ils doivent, de plus, montrer de façon assez claire les trois phases suivantes : la phase de pression, la phase de maintien qui dure au moins une seconde puis la phase de relâchement des leviers. Les essais concluants sont sélectionnés dans le fichier d'enregistrement puis ils sont alignés par rapport au début du mouvement. Cela permet de calculer la moyenne des essais (forces) sélectionnés. Les fréquences CM moyennes et les EMG moyens de leurs muscles cibles sont également calculés en correspondance avec les essais sélectionnés. Une marge de 500 ms est placée autour des limites des essais afin de permettre de visualiser l'ensemble des activités CM et EMG relatifs à la tâche.

2.3.2   Fréquence CM et EMG rectifié.

Comme nous pouvons voir sur la figure 2.2 les activités originales CM et EMG ne sont pas comparables entre elles. En effet, l'activité originale d'un neurone CM est sous la forme d'une suite de potentiels d'action donc binaire et l'activité originale d'un électromyogramme est une activité électrique qui représente les potentiels membranaires des fibres musculaires et qui varie autour de zéro. Nous souhaitons transformer ces deux enregistrements afin de les rendre comparables. Il est classique de considérer que l'information transmise[1] par un neurone se caractérise par le nombre d'impulsion par seconde, autrement dit sa fréquence de décharge. Pour l'EMG nous avons utilisé la méthode classique de rectification qui consiste à considérer que la grandeur pouvant être extraite se trouve dans l'amplitude des oscillations de l'EMG. Un EMG rectifié et lissé correspond donc à la variation d'amplitude moyenne de l'EMG original.

---

1. Le problème est souvent de savoir qu'elle est l'information transmise par un neurone. Pour le savoir il est habituel de corréler la fréquence de décharge du neurone à une autre grandeur connue du monde extérieur : la température, la vitesse d'un mouvement, l'angle d'une barre sur un écran... Un des aspects de cette thèse est de vouloir vérifier si la fréquence de décharge est bien la grandeur correcte permettant d'identifier l'information transmise par un neurone CM.

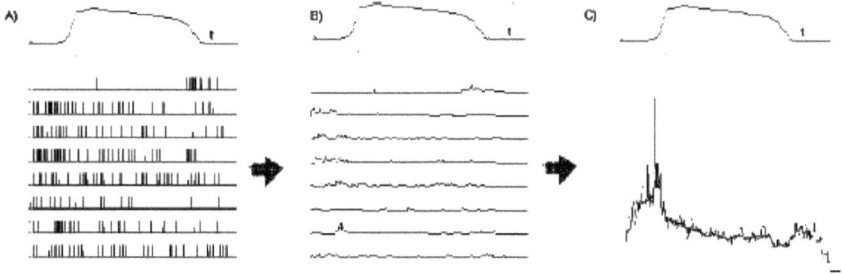

FIGURE 2.2: Représentation schématique du processus de calcul de la fréquence d'activité moyenne d'un neurone CM.

Au sommet de chaque colonne est représenté la force moyenne produite par le singe à la même échelle temporelle.
A) découpage en essais et alignement : chaque ligne représente un essai ; c'est un moment différent de l'activité de la même cellule CM. Les différents essais ont été alignés en fonction du mouvement des doigts. Le mouvement moyen réalisé par le singe pour chacun de ces essais est visible dans la partie supérieure de la figure.
B) second traitement effectué : calcul des fréquences instantanées : niveau d'activité de la cellule CM.
C) moyenne des fréquences CM sélectionnées et alignées sur le début de la force.

2.3.3   Calcul de l'erreur

Une fois que les activités CM et EMG sont au même format, il est alors possible de les comparer (figure 2.3). nous avons d'abord calculé la différence entre l'activité CM et EMG. Ce calcul est réalisé sur des courbes CM normalisées en amplitude. En effet, les grandeurs des courbes CM et EMG sont différentes, l'activité CM est exprimée en Hz car il s'agit d'une fréquence et l'activité EMG est exprimée en mV car il s'agit de l'enveloppe des oscillations électriques du muscle. Nous avons choisi de normaliser en amplitude l'activité CM. Ce qui revient à dire que le max de l'amplitude CM deviendra égal au max de l'amplitude de l'EMG. L'ensemble de la courbe CM est donc pondérée par le coefficient multiplicateur N_a tel que $N_a = \frac{max(EMG)}{max(CM)}$. L'erreur correspond ensuite à la surface de la différence entre les courbes CM normalisée et EMG lissée et rectifiée (figure 2.4). Cette différence est ensuite normalisée par la surface totale de l'EMG pendant la tâche. Cette normalisation permet d'obtenir une valeur comprise la plupart du temps entre 0 et 1 si la surface de la différence est inférieure à la surface de l'EMG mais ne devrait pas être négatif. C'est ce chiffre que nous appelons l'erreur. Soit D_e, la durée moyenne d'un essai en comptant les marges de 500ms :

$$erreur = \frac{\sum_{t=1}^{D_e} |EMG(t) - N_a CM(t)|}{\sum_{t=1}^{D_e} EMG(t)} \tag{2.1}$$

L'erreur en fonction du nombre de cellules CM peut ensuite être calculée. Cette erreur moyenne calculée en fonction du nombre de cellules correspond à l'erreur moyenne pour toutes les combinaisons possibles pour chaque nombre possible de cellules CM. Autrement dit, c'est la moyenne des erreurs pour chaque neurone CM avec le même EMG puis de la moyenne des erreurs de toutes les combinaisons possibles de 2 neurones CM avec cet EMG puis 3, puis 4... et ainsi de suite. Les activités CM sont combinées entre elles en les pondérant ou non avec le MPI. L'activité globale de la population CM enregistrée est ensuite pondérée par le facteur N_a afin de normaliser son amplitude.

2.4 Résultats

2.4.1 Erreur en fonction du nombre de neurones CM.

L'erreur entre l'activité de la population CM et leurs EMGs cibles a été calculée pour 5 muscles de notre base de données possédant plusieurs neurones CM : AbPB avec 8 neurones CM dans le calcul, AbPL avec 5 neurones CM, AdP avec 4, ECR avec 4 et EDC avec 3 neurones CM. Les résultats se sont montrés peu convaincants puisqu'avec ces 5 muscles aucune tendance claire n'a pu être dégagée (Cf. Tableau **??**). Par déduction suite à notre hypothèse, l'ajout progressif de neurones CM dans le calcul devrait s'accompagner d'une baisse de

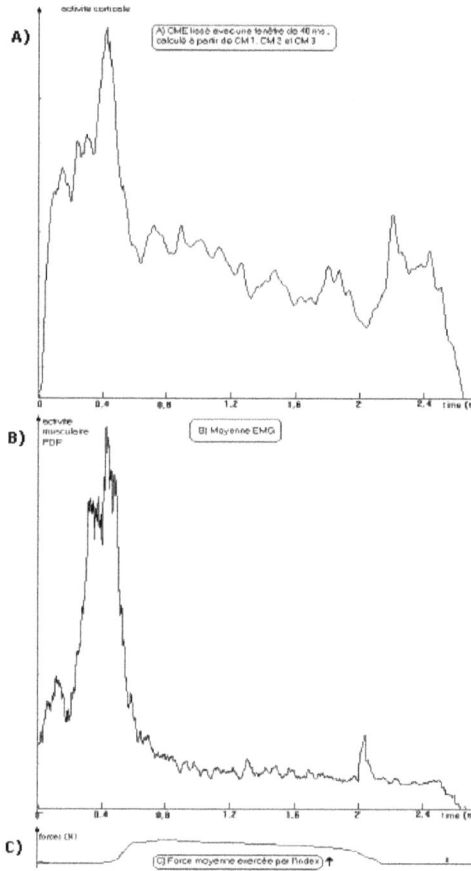

FIGURE 2.3: Activité d'une colonie CM et activité EMG moyenne de son muscle cible pour une tache donnée.

A) Activité de la population des neurones CM d'une colonie calculée à partir des fréquences instantanées moyennes des trois cellules CM présentant un PSF sur le muscle FDP. Cette activité est lissée avec une fenêtre d'intégration de 40 ms.

B) activité musculaire moyenne du muscle FDP pour la réalisation de la tâche moyenne présentée en C).

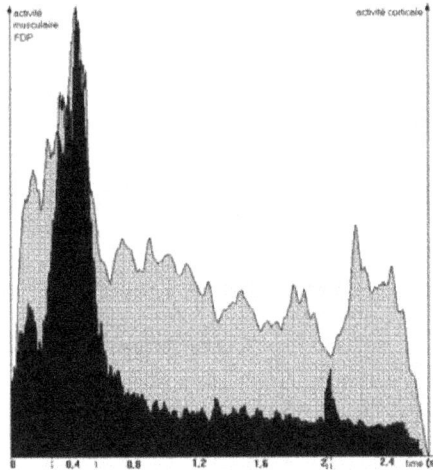

FIGURE 2.4: Différence (aire grisée) entre l'activité moyenne EMG du muscle FDP (en noir) et l'activité corticale CME normalisée en amplitude par N_a pour la tâche de préhension.

l'erreur moyenne. Un résultat positif ($+$) (figure 2.5) se manifeste par une baisse notable de l'erreur, un résultat négatif (-) (figure 2.6) c'est l'inverse et un résultat indéterminé ($=$) se manifeste par une non modification de l'erreur avec l'ajout de l'activité de neurones CM supplémentaires au calcul.

Le Tableau 2.1 regroupe les résultats obtenus pour les 5 muscles testés. Nous constatons qu'aucune tendance claire ne se dégage de ces résultats. L'utilisation du MPI comme poids synaptique pour pondérer les fréquences issues de chaque neurone de la colonie n'a pas changé la tendance des résultats.

2.4.2 Erreur en fonction du MPI

Lorsqu'un neurone CM a plusieurs muscles cibles, un MPI caractérisant chaque couple CM/muscle peut être calculé. Considérant l'hypothèse selon laquelle le MPI révélerait la force de connexion entre le neurone et le muscle, nous pouvons en déduire que plus la connexion est forte et plus l'influence du

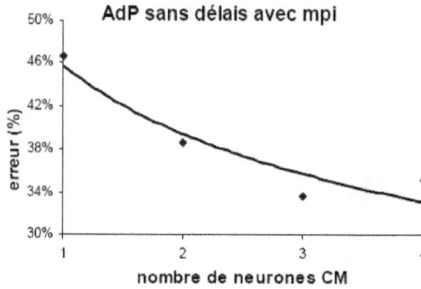

FIGURE 2.5: Erreur en fonction du nombre de neurones CM. Exemple de résultat positif (+).

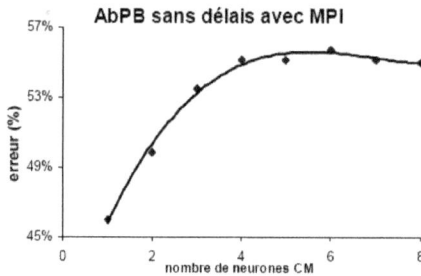

FIGURE 2.6: Erreur en fonction du nombre de neurones CM. Exemple de résultat négatif (-).

Nom du muscle	Nombre de cellules CM	Résultat
AbPB	(8)	(-)
AbPL	(5)	(=)
AdP	(4)	(+)
ECR	(4)	(+)
EDC	(3)	(-)

TABLE 2.1: Résultats basé sur le calcul de l'erreur entre activité CM et activité en fonction du nombre de neurones CM inclus dans le calcul de l'activité CM pour 5 muscles du singe 1 (Lilly).

neurone l'est. Nous avons donc calculé l'erreur entre l'activité CM pour tous leurs muscles cibles.

Nous avons ainsi pu voir si l'erreur diminuait comme prévu lorsque le MPI augmente ; il s'agit alors dans ce cas d'un résultat positif que nous avons identifié dans le tableau 2.3des résultats par le symbole $(+)$.

Nous observons que les résultats sont plutôt négatifs puisque seulement 2 neurones sur les 7 ayants plusieurs muscles cibles conjointement enregistrés montrent une activité CM plus proche de l'activité EMG lorsque le MPI est fort. Nous observons même, plutôt une tendance inverse. Nous en proposerons une explication au chapitre suivant. Mais cette tendance est plutôt faible, et pourrait résulter d'un artefact dû à la méthode de calcul.

Afin de continuer nos investigations tout en évitant ce possible artefact de calcul, vérifions donc maintenant l'erreur pour un muscle donné avec tous les neurones CM de la colonie en fonction du MPI.

Le tableau 2.4 montre que dans ce cas non plus, aucune tendance claire ne se dégage . Il ne semble pas y avoir de relation directe entre le MPI et l'erreur telle qu'elle a été calculée entre l'activité EMG et l'activité des neurones CM.

2.4.3 Délais

En calculant les activités moyennes CM et EMG nous avons pu constater qu'il existait généralement deux phases, une phasique puis une tonique pendant le maintien. C'est le cas pour l'activité CM comme pour l'activité EMG. Par contre, il existe un délai entre le pic d'activité de l'EMG et le pic d'activité CM. Nous avons pu calculer ce délai pour les neurones de notre base de données et calculer l'erreur pour tous les délais possible. Les délais mesurés correspondent à l'erreur calculée minimale entre activité CM et EMG en déplaçant chaque courbe. Il est important de noter que les délais mesurés sont plus fréquemment positifs, c'est-à-dire que le pic d'activité CM est placé avant le pic d'activité de l'EMG. De plus, ce délai est très variable et peut aller jusqu'à 300 ms (figure 2.7).

cellule CM	Muscle	MPI	Différence
CM01	ABPB	0,47	54,64%
CM02	AbPB	4,57	42,95%
CM03	AbPB	3,27	35,01%
CM04	AbPB	0,74	13,27%
CM04	AdP	1,92	30,43%
CM05	AdP	0,67	46,56%
CM06	AbPB	0,17	51,74%
CM06	AdP	0,74	63,86%
CM07	ECR	4,66	55,26%
CM08	FDP	6,28	87,85%
CM08	FDS	6,37	122,79%
CM09	FDP	6,11	98,62%
CM10	FDP	6,13	131,70%
CM11	ECR	4,79	65,90%
CM12	ABDM	4,78	114,96%
CM12	AbPL	5,46	90,60%
CM12	AbPB	5,78	70,81%
CM13	AbPB	21,91	93,09%
CM15	1DI	1,62	56,90%
CM16	AbPL	2,63	56,17%
CM16	FDS	2,89	116,93%
CM17	AdP	1,63	42,12%
CM17	AbPL	2,55	28,52%
CM20	EDC	6,53	131,85%
CM21	1DI	6,26	57,00%
CM22	AbPB	6,53	21,98%
CM23	AbPL	1,88	13,96%
CM23	FDS	5,2	20,00%
CM24	ECR	4,78	47,08%
CM25	EDC	2,71	77,50%
CM26	AbPL	1,67	29,28%
CM27	ECR	4,57	62,17%

TABLE 2.2: Erreur entre l'activité d'un neurone CM et l'activité EMG de ses muscles cibles.

Cellule CM	Nombre de muscles cibles	Résultat
CM04	(2)	(-)
CM06	(2)	(-)
CM08	(2)	(-)
CM12	(3)	(+)
CM16	(2)	(-)
CM17	(2)	(+)
CM23	(2)	(-)

TABLE 2.3: Résultats correspondant au calcul de l'erreur entre l'activité d'un neurone CM et l'activité de ses muscles cibles en fonction du MPI.

Nom du muscle	Nombre de cellules CM	résultat
AbPB	(8)	(=)
AbPL	(5)	(-)
AdP	(4)	(+)
EDC	(2)	(-)
ECR	(4)	(+)
FDP	(3)	(+)

TABLE 2.4: Résultats basés sur le calcul de l'erreur entre l'activité d'un muscle et l'activité de tous les neurones CM enregistrés de sa colonie comparées en fonction du MPI.

Un délai négatif, défini par une activité EMG qui présente un pic avant celui de l'activité CM, peut être la conséquence de 2 facteurs : le premier facteur est que le neurone CM possède plusieurs muscles cibles or, il produit la même activité pour tous ces muscles cibles. Ces muscles cibles peuvent être à la fois agonistes et antagonistes. Remarquons qu'au cours d'un mouvement, le muscle agoniste est plus actif pour accélérer, c'est à dire au début du mouvement, tandis que le muscle antagoniste l'est plus pour le ralentir, c'est à dire à la fin du mouvement. Il est dès lors très bien possible qu'un neurone CM puisse avoir un délai négatif pour son muscle agoniste tandis qu'il a un délai positif pour son antagoniste. Néanmoins, des poids synaptiques différents laisserait la possibilité au système CM d'avoir des contributions différentes du neurone CM

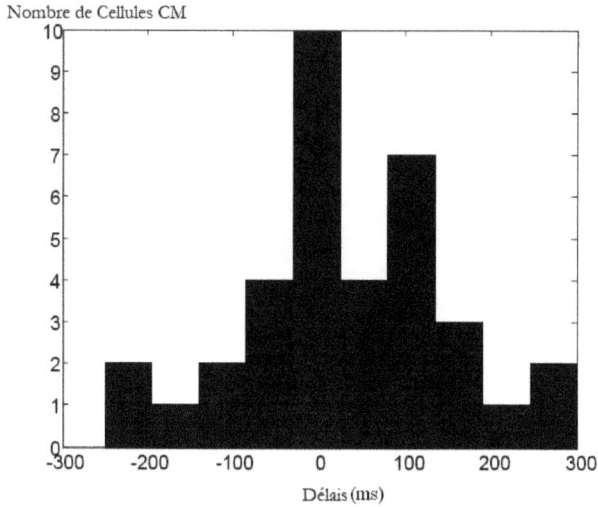

FIGURE 2.7: Délais en ms entre le pic de l'activité CM et le pic d'activité EMG.
Un délai négatif représente un pic de l'EMG apparaissant avant le pic CM.

dans l'activité EMG de chacun de ses muscles cibles. Le second facteur est que
la fréquence de décharge du neurone n'est peut-être pas le seul facteur qui agit
sur l'EMG et ainsi sur le délai.

2.5   Conclusions

Nous avons testé l'hypothèse de départ consistant à supposer que le système CM a une organisation de type réseau "feedforward" et que l'activité des
neurones d'entrée, caractérisée par la fréquence moyenne de décharge et pondérée par le MPI. Cette hypothèse n'a pu être vérifiée par nos calculs. Nous ne
sommes pas en mesure de conclure de façon certaine ni d'identifier si l'un (ou
plusieurs) des éléments de l'hypothèse examinée est responsable de cette incer-
titude : Serait-ce le MPI qui ne serait pas le poids synaptique convenable pour
des connexions CM/muscles ? Serait-ce la fréquence de décharge qui ne serait

pas le bon critère de l'activité CM ? Ou, même : les neurones CM codent-ils bien directement l'activité des muscles ? L'activité CM coderait-elle au contraire une variable de haut niveau tel que la force ou la direction du mouvement, laissant le soin à la moelle épinière de déterminer l'activité musculaire ? Avant d'aller si loin, nous devons savoir si la fréquence de décharge moyenne est effectivement le bon moyen d'interpréter l'activité CM. Il est en effet possible que le codage des neurones CM puisse être codé de façon plus complexe que par la simple fréquence. Ce codage devrait fournir une explication aux différents délais et latences mesurés entre les phénomènes observés dans l'activité CM et ceux observés dans l'activité EMG. Nous avons effectivement constaté qu'il existait un délai entre la fréquence de décharge et l'activité EMG, ce délai avoisinant parfois plusieurs centaines de millisecondes. Or un autre délai plus court existe avant le déclenchement d'un PSF. En effet le PSF apparaît au niveau de l'activité EMG rectifié après un délai de quelques millisecondes soit de l'ordre du temps de transmission du signal entre le Cortex Moteur et le muscle par la voie pyramidale. Nous chercherons donc à comprendre maintenant quel codage peut faire intervenir ces deux formes de délais à court et à long terme.

Chapitre 3

RELATION ENTRE LES ACTIVITÉS CM ET MUSCULAIRE.

L'analyse des données CM à l'aide d'un réseau de neurones artificiels.

3.1 Résumé

Considérant l'hypothèse que l'activité musculaire est codée par l'activité binaire des neurones CM, nous avons essayé de décrire les opérations réalisées par la fonction de transfert entre l'activité des neurones CM et l'activité musculaire. Pour cela, nous avons utilisé directement l'activité binaire brute des neurones CM comme information d'entrée de la fonction de transfert recherchée. Nous avons donc entrainé un perceptron multi-couches à l'aide d'un algorithme d'apprentissage supervisé dans le but de déterminer l'activité EMG à un instant donné à partir de l'activité binaire d'un neurone CM pendant un certain intervalle de temps. Nous avons pu faire varier la taille de l'intervalle d'entrée et déterminer l'influence des différentes périodes temporelles de l'activité CM sur la précision de la prédiction de l'activité EMG. Un fort niveau de prédiction laisserait supposer que la période considérée de l'activité CM est fortement informative. Les résultats trouvés nous suggèrent que le codage de l'activité EMG par le neurone CM est une combinaison de 2 facteurs : la fréquence moyenne et la position temporelle précise des potentiels d'actions. Ces 2 codages ont leurs influences maximales sur la prédictions de l'activité EMG dans des périodes différentes de l'activité CM : Le code en fréquence a la particularité d'être défini dans l'activité binaire du neurone sur une plus longue période dans le passé, c'est à dire de 0 à 400ms. La fréquence moyenne de l'activité CM a été mise en relation avec une perte de la précision de prédiction de l'activité EMG. Le prédicteur de l'activité EMG à partir de l'activité CM perd en précision sur la prédiction de l'activité EMG tout en pouvant suivre néanmoins globalement l'activité EMG si on le nourri avec la seule activité à long terme c'est à dire en supprimant de la période d'entrée toute l'activité CM la plus proche de l'instant de la prédiction. A cela s'ajouterait un codage des plus petites variations de l'EMG qui viendrait compléter l'information transmise par les neurones CM comme on pourra l'observer indirectement par une augmentation de la qualité de la prédiction par le MLP. Les petites variations pourraient être codées de façon temporelle sur une plus courte période dans le passé de l'activité binaire du neurone c'est à dire de 0 à 100ms. Sur cette dernière courte période, le codage en fréquence moyenne serait donc combiné avec un codage temporel, mais, ce dernier propos ne reste qu'une hypothèse, le code temporel ne sera traité qu'à partir du chapitre suivant.

3.2 Introduction

3.2.1 Les questions

Nous avons utilisé une approche par réseau de neurones artificiels pour analyser nos données biologiques en utilisant comme entrées les activités des neurones CM et comme sorties l'activité EMG de leurs muscles cibles. Le réseau de neurones artificiel, un perceptron multi-couches, a été utilisé pour prédire l'activité EMG à partir de l'activité CM afin de tenter de répondre aux questions suivantes :

1. Quelle est la relation entre le profil temporel de l'activité CM et le profil temporel de l'activité du muscle cible ? Au chapitre II nous avons vu que

la variation de fréquence moyenne des neurones CM présentait des ressemblances avec l'activité EMG rectifiée et lissée mais avec un décalage temporel pouvant atteindre plusieurs centaines de millisecondes. D'autre part, l'effet PSF observé dans l'activité des muscles clibles enregistrés se déclenche avec un délai de l'ordre de la dizaine de millisecondes en moyenne après un PA. Nous cherchons donc à trouver la relation entre l'activité CM et EMG en utilisant une méthode n'incluant aucun a priori sur le codage afin de trouver, si possible, un codage biologiquement plausible prenant en compte ces 2 types de délais.

Autrement dit, quel est le type de fonction de transfert entre l'activité CM et l'activité EMG ? Différentes tentatives ont été réalisées pour caractériser cette fonction de transfert (Powers et Binders, 2001) ainsi que la relation entre l'activité des motoneurones et l'EMG (Hoffer et al., 1987). Pour notre part, nous cherchons à caractériser la relation existant entre l'activité des cellules CM et l'activité EMG de manière directe, sans prendre en compte de manière explicite les transformations effectuées au niveau de chaque intermédiaire de la moelle épinière par les interneurones qui modifient la sortie avec des boucles de rétro-contrôle ; les transformations effectuées au niveau des motoneurones, elles non plus ne seront pas prises en compte de manière explicite.

2. Nous souhaitons éviter de réaliser un lissage ou la moyenne des données CM afin d'éviter de perdre des informations temporelles contenue dans la séquence originelle des PAs.

3. Existe-t-il une période particulière dans le train de PAs CM d'une importance significative pour la relation d'entrée/sortie ? En considérant le thème abordé plus haut, à savoir que, si des codes en fréquence et en temporel existent et sont juxtaposés ou multiplexés, nous pouvons peut-être nous attendre à trouver des périodes d'importances différentes dans le train de PAs en fonction de ces deux types de codage.

4. Existe-t-il une relation entre l'amplitude du PSF (le MPI) observé expérimentalement et les performances de notre réseau de neurones artificiel ?

Autrement dit, si le PSF est bien un indice permettant d'évaluer le poids synaptique de la connexion CM/muscle_cible, le PSF pourrait-il être pris en compte dans notre fonction de transfert et ainsi avoir des conséquences directes sur les performances de notre réseau de neurone artificiel ?

3.2.2 Une approche par réseaux de neurones artificiels

En 1958, Rosenblatt développe le modèle du Perceptron qui est un réseau de neurones formel à 2 couches inspiré du système visuel et constitue alors le premier système artificiel capable d'apprendre par expérience (Rosenblatt, 1958). Plus tard, en 1985, Rumelhart développe l'algorithme de backpropagation pour le perceptron multi-couches [1] qui est une méthode permettant d'apprendre les poids synaptiques du réseau à partir des différents couples entrée/sortie. Nous allons dans un premier temps donner un bref récapitulatif du principe de fonctionnement du perceptron afin de pouvoir l'utiliser dans le cadre de notre étude du système CM.

Le perceptron multi-couches. Nous considérons un perceptron multi-couches à L couches cachées tel qu'on peut le voir sur la figure 3.1. La lettre n est utilisée dans ce qui suit pour désigner une couche donnée, avec l = 0, la couche de sortie jusqu'à l = L+1 qui désigne la couche d'entrée. Notons aussi n_l, le nombre de neurones de la couche l.

Chacune de ces couches est asociée à une matrice (ω_{ij}^l) qui possède n_l colonnes et $n_{l+1}+1$ lignes. Les colonnes représentent les n_l neurones de la couche l et les $n_{l+1}+1$ lignes représentent les poids des connexions issues des n_{l+1} neurones de la couche l+1 qui le connectent, plus un poids supplémentaire qui représente le biais. Les matrices (ω_{ij}^l) sont donc de taille $(n_l, n_{l+1}+1)$.

Dans ce réseau, chaque neurone fonctionne comme un "neurone point", c'est à dire qu'il effectue une transformation non-linéaire de la somme pondérée de ses entrées.

---

1. Le perceptron multi-couches, tel qu'utilisé dans ce chapitre est une généralisation du principe du perceptron à 2 couches initialement imaginé par Rosenblatt en 1958.

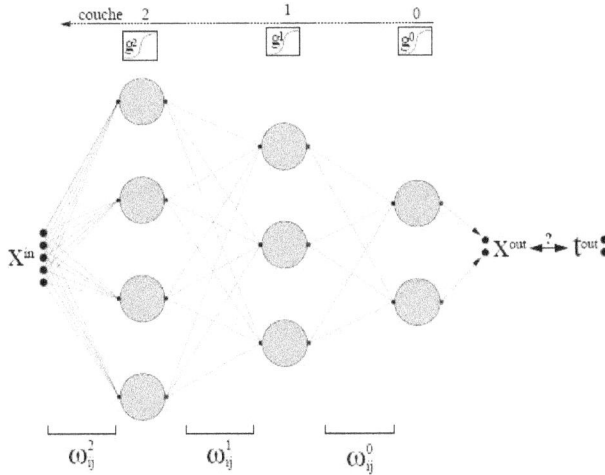

FIGURE 3.1: Représentation schématique d'un perceptron multi-couches.

$$x^{out} = g\left(\sum_j w_{ij}x_j^{in}\right) = g\left(h\right) \tag{3.1}$$

Les variables x et h sont l'activité et le potentiel du neurone, et la fonction g est appelée fonction d'activation.

En notant x_k^l et h_k^l l'activité et le potentiel du neurone k de la couche l, et en considérant qu'un neurone reçoit en entrée l'ensemble des activités émanant de la couche précédente, on aura

$$x_k^l = g^l\left(h_k^l\right) = g^l\left(\sum_{j=0}^{n_{l+1}} w_{ij}^l x_j^{l+1}\right) \tag{3.2}$$

L'algorithme de backpropagation ou descente du gradient permet de modifier les poids w du réseau de façon à ce que la sortie x^0 du MLP soit la plus proche possible des sorties désirées pour les entrées données. Considérons la fonction d'erreur :

$$E = \frac{1}{2} \left\| t - x^0 \right\|^2 = \frac{1}{2} \sum_{k=1}^{n_0} \left(t_k - x_k^0 \right)^2 \tag{3.3}$$

où $x^0 = \left(x_k^0 \right)_{k=1}^{n_0}$ est le vecteur contenant l'activité des neurones de la couche de sortie et t est la valeur de sortie désirée. La descente de gradient se fait en calculant les dérivées $\frac{\partial E}{\partial w_{ij}}$ de la fonction d'erreur, c'est-à-dire la composante de l'erreur E pour chacun des poids du réseau. Lorsqu'un motif x^{in} est présenté à l'entrée du réseau, le signal se propage jusqu'à la dernière couche dont l'activité x^{out} est interprétée comme la sortie du réseau. Cette sortie est ensuite comparée à une valeur cible, puis les poids sont mis à jour en fonction du résultat de cette comparaison. L'algorithme de back-propagation se déroule en 6 étapes :

1. Présenter un motif à l'entrée.

2. Propager le signal jusqu'à la dernière couche (la sortie calculée).

3. Comparer la valeur de sortie à la valeur désirée (calcul de l'erreur E)

4. Calculer les erreurs locales sur la couche de sortie : $\Delta_k^0 = \frac{dg^0}{dh} \mid_{h_k^0} \left(t_k - x_k^{out} \right)$ pour k=1,...,n^0.

5. Propager l'erreur jusqu'à la couche d'entrée : on calcule l'erreur locale pour chaque poids de chaque couche. L'erreur locale Δ_i^l pour la couche l fait intervenir les erreurs locales de la couche suivante : $\Delta_i^l = \frac{dg^l}{dh} \mid_{h_i^l} \left(\sum_{n=1}^{n_{l-1}} w_{ni}^{l-1} \Delta_n^{l-1} \right)$. De cette dépendance récursive vient le terme de back-propagation.

6. Mettre à jour les poids en fonction de chaque erreur locale : $\Delta w_{ij}^l = \eta \Delta_i^l x_j^{l+1}$, où η est le taux d'apprentissage.

On présentera ainsi tour-à-tour tous les motifs de la base d'apprentissage, jusqu'à la convergence de l'algorithme.

Les limites de l'algorithme de back-propagation. La limite de cet algorithme de back-propagation est qu'il nécessite l'emploi d'un pas η de modification des poids. Ce poids peut être choisi arbitrairement mais cela implique qu'il est souvent nécessaire de définir un pas très faible afin de ne pas dépasser la valeur souhaitée. Seulement, avec un poids faible il est nécessaire de réitérer plusieurs fois la présentation des couples entrée/sortie pour arriver à une convergence. Dans certains cas, si la taille du réseau est trop grande par rapport à la complexité de la fonction à apprendre, il y a une possibilité de sur-apprentissage. Le sur-apprentissage se manifeste par une très faible erreur sur l'ensemble des couples présentés pendant l'apprentissage (l'ensemble d'apprentissage) associé à un faible niveau de généralisation qui correspond à une grande erreur sur les couples entrée/sortie suivant la même fonction mais n'ayant pas été présenté pendant l'apprentissage (l'ensemble de test). L'algorithme d'early-stopping a été mis au point afin de limiter ce problème. Cet algorithme consiste à arrêter l'apprentissage avant que la généralisation ne commence à diminuer. Au cours de l'apprentissage, par définition, l'erreur sur l'ensemble d'apprentissage diminue. L'erreur sur l'ensemble de test diminue également puis peut à nouveau augmenter. Le bon moment pour arrêter l'apprentissage est donc juste avant que l'erreur sur l'ensemble de test n'augmente. Le nom de "early stopping" vient donc de ce principe d'arrêter l'apprentissage de façon précoce avant le sur-apprentissage.

Une conséquence de l'algorithme de back-propagation qui, on le rapelle, modifie les poids par rapport à la dérivée de l'erreur locale est que la valeur trouvée dépendra donc de la valeur initialement donnée aux poids. Dans certains systèmes complexe où il existe plus d'une solution, le choix des poids au départ de l'apprentissage est donc critique. L'algorithme de Nguyen-Widrow, que nous ne détaillerons pas ici, fait référence en la matière (Nguyen et Widrow, 1990).

Le choix du MLP pour l'étude du système CM. Un perceptron multi-couches avec une entrée qui correspond à une période temporelle, c'est-à-dire un perceptron multi-couches à entrées à délais temporels (TDMLP=Time Delayed Multi-Layer Perceptron) a été utilisé pour évaluer la fonction de transfert entre l'activité des cellules CM et l'activité EMG de leurs muscles cibles (Nagai et al., 1992).

Le choix d'un perceptron a été motivé par plusieurs facteurs. Lesquels sont :

1. Le perceptron peut théoriquement réaliser n'importe quelle fonction de transfert entre les entrées et les sorties. Il n'implique donc pas d'hypothèse implicite ou explicite à priori sur l'existence d'un code fréquentiel ou d'un code temporel.

2. D'autre part, du fait que le TDMLP n'inclut pas de récurrences structurelles il n'inclut donc pas de dépendance temporelle dans la suite des couples entrées/sorties successivement présentées. Ainsi, chaque couple entrée/sortie présenté au TDMLP est indépendant des autres et peut être présenté à n'importe quelle position dans une série de couples d'apprentissage. Seule la période considérée, placée en entrée du réseau de neurone, sera utilisée pour déterminer l'activité EMG à un instant donné en sortie.

3. Il est possible d'utiliser les activités CM binaires telles quelles sans avoir à réaliser un prétraitement du type de celui utilisé au chapitre précédent (ou d'un autre type) qui supposerait une hypothèse implicite sur un codage particulier de l'activité CM.

4. Pour des considérations biologiques, le perceptron a été choisi plutôt qu'un réseau de neurones à architecture récurrente pour sa similarité avec la connectivité « feedforward » entre les neurones CM, les motoneurones et les muscles.

5. Après apprentissage, le perceptron possédera une fonction de transfert implicite. Cette fonction est stockée dans ses connexions synaptiques, il est donc difficile d'exploiter explicitement la fonction de transfert trouvée par le TDMLP. C'est la raison pour laquelle, un TDMLP est parfois désigné sous le terme de "boite noire", néanmoins, d'autres astuces ont du être trouvée pour extraire le maximum d'informations. Le premier indice est que même en présence d'une relation entrée/sortie seulement partielle, les performances de prédiction ou d'apprentissage du perceptron sont une indication statistique sur le degré avec lequel l'entrée (CM) permet de prédire la sortie (EMG).

Les limites de la méthode De nombreuses limites à notre méthode émergent et doivent être résolues. En effet, cette approche prend un point de vue très simplifié par rapport à la réalité neurophysiologique du système CM, puisque ce système n'est vu, en première approximation, que comme un système entrée/sortie : l'entrée est le train de PA CM et la sortie est l'activité musculaire évaluée par une résultante, l'activité EMG ; Le TDMLP réalise la transformation de l'un vers l'autre qui, au niveau biologique, se fait par le réseau spinal et en particulier par les motoneurones et interneurones de la moelle épinière. De plus, cette simplification néglige les autres neurones prémotoneuronaux qui sont autant d'autres entrées biologiques au système. C'est la raison pour laquelle, nous essaierons de dissocier le plus possible l'influence des autres entrées prémotoneuronales du système biologique en prenant en compte la totalité du train de PAs et de l'activité EMG, de façon indépendante des périodes comportementales. Cela a permis de maximiser la variété des exemples de relation entre activité CM et EMG présentés au TDMLP. Cela permettrait ainsi de minimiser les co-variations de l'activité CM avec les autres entrées non prises en compte (Hastie et al., 2001). Nous espérons ainsi que les co-variations des autres entrées prémotoneuronales sont dépendantes des périodes comportementales du mouvement.

3.3 Méthodes

3.3.1 Les données expérimentales

Les données biologiques sont issues d'enregistrements de l'activité des cellules CM dans le Cortex Moteur de primate. Les neurones CM sont identifiés par la présence d'un PSF dans l'activité EMG compilée par la technique de STA (Cf. Chapitre I). Dix-neuf cellules CM ont été enregistrées pendant une tâche de maintien précis d'une force entre le pouce et l'index sur 2 leviers retenus par des ressorts. Parmi les cellules enregistrées présentes dans notre base de données, nous avons sélectionné les cellules CM qui présentent un pic d'ac-

tivité précédant celui de l'activité EMG de leur muscle cible. Nous avons fait
cette sélection supplémentaire parce que nous souhaitons conserver uniquement
les cellules qui seraient en mesure d'avoir un effet causal sur l'activité EMG.
Il semble en effet moins probable qu'une cellule ayant une activité ultérieure
à l'activité EMG puisse être en mesure d'influencer son muscle cible. Les données ont été échantillonnées pendant des périodes d'au moins 120s, avec un
taux d'échantillonage de 5KHz (Baker et al., 2001). Les histogramme PSTH
(PériStimulus Time Histogram) de l'activité des cellules CM, de même que les
activités EMG moyennes en fonction de la tâche ont été réalisés sur au plus 100
essais alignés sur le début de la pression sur les leviers (figure 3.2). La latence,
entre le pic du PSTH (activité CM) et le pic de la moyenne EMG, a été utilisée
pour quantifier la latence entre l'activité CM et l'activité EMG. Sur l'exemple
présenté en figure 3.2 nous pouvons voir une latence de 300 ms entre l'activité
CM et EMG.

3.3.2   Le perceptron multi-couches : les entrées/sorties

Nous avons utilisé un perceptron multi-couches avec une architecture tota-
lement interconnectée (MLP sous MATLAB®), c'est-à-dire que chaque unité
d'une couche donnée connecte l'ensemble des unités de la couche suivante. Le
TDMLP utilisé possédait une seule unité de sortie devant déterminer directement la valeur de l'activité EMG et une couche caché composée de 15 unités. La
couche d'entrée possédait quant à elle un nombre variable d'unité : de 10 à 130
en fonction de la longueur de la fenêtre temporelle d'entrée. En effet, la valeur
appliquée à chaque unité d'entrée correspond directement à un certain intervalle
temporel de l'activité CM. Autrement dit, le vecteur d'entrée consiste en une
séquence binaire correspondant aux PAs de l'activité CM pendant une période
donnée et chaque échantillon de cette séquence est appliqué en entrée de chaque
unité de la couche d'entrée (Cf. figure 3.3). Les activités CM et EMG ont un
taux d'échantillonnage qui a été ramené à 4ms pour pouvoir être utilisé avec

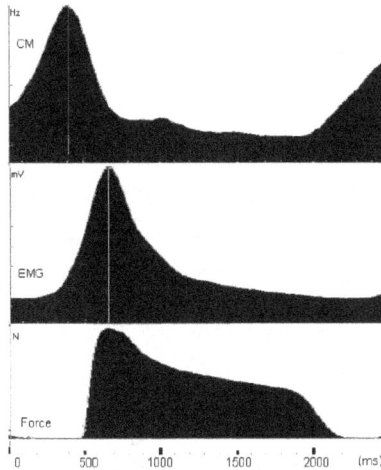

FIGURE 3.2: Profils des activités CM, EMG et force moyenne.

En haut, l'activité CM moyenne d'une cellule compilée à partir de 100 essais réussis par le singe. La moyenne de la force exécutée au cours de ces 100 essais est représentée dans le bas de la figure. Au milieu correspond l'activité EMG d'un de ses muscles cibles. Les essais ont été sélectionnés en fonction de critères décris au chapitre I.

le TDMLP sous Matlab. Si bien que les 10 à 130 unités de la couches d'entrée correspondent donc à une période de 40 à 520ms de l'activité CM. L'unité de sortie doit prédire l'activité EMG enregistrée et rectifiée au temps t. L'activité EMG est un réel positif ou nul. La fenêtre d'entrée de taille Δ est donc positionnée dans l'activité CM entre les instants t-Δ et t-1. En accord avec la taille des échantillons, l'instant t-1 correspond donc à 4ms avant l'activité EMG à l'instant t.

Les différents couples entrées/sorties étant par définition indépendants pour les MLP, l'ensemble entrée/sortie a été formé pour l'apprentissage de façon à obtenir une variance maximale des sorties (EMG). Pour cela, nous avons tenté,

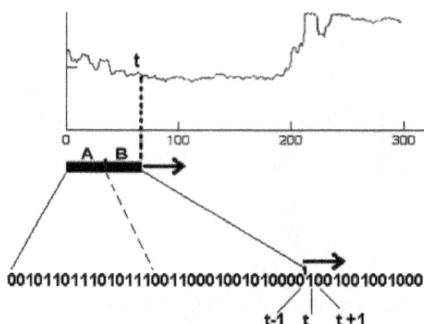

FIGURE 3.3: Schéma d'entrée/sortie de la méthode d'analyse des données à l'aide d'un Perceptron multi-couches.

Le vecteur d'entrée (le rectangle AB au centre) correspond à l'activité binaire d'une cellule CM (en bas) suivant une fenêtre glissante dans le temps. La sortie doit déterminer l'activité EMG à l'instant t à partir du vecteur d'entrée positionné sur l'activité CM entre les instant t-Δ et t-1.

dans la mesure du possible, d'obtenir pour chaque valeur EMG différente, le même nombre d'exemples présentés dans l'ensemble d'apprentissage. Le niveau de base de l'activité, plus souvent représenté dans la séquence originale d'enregistrement, serait surreprésenté lors de l'apprentissage. On a donc équilibré le nombre d'exemples pour chaque valeur de l'activité EMG afin de limiter le surplus d'exemples contenant l'activité de base. L'intérêt étant de comprendre comment les différents niveaux de l'EMG pourraient être codés par l'activité CM, si tel est bien le cas, l'absence d'un tel équilibrage pourrait entraîner un artéfact. La variance a donc été maximisée et équilibrée en formant pour chaque valeur EMG le même nombre de couples entrée/sortie. Un tel équilibrage aurait également pour effet de concentrer l'apprentissage essentiellement sur les périodes de mouvements, c'est-à-dire pendant les périodes où les cellules CM sont les plus actives et donc leurs influences maximales sur l'activité musculaire. De plus, en ne sélectionnant pas les essais, bon ou mauvais, et en prenant également en compte les activités entre les essais, nous tentons de minimiser l'influence des autres entrées prémotoneuronales qui varierait en fonction de la période comportementale. Cette fonction de transfert sera donc le plus possible indépendante des autres influences sur les motoneurones. Ainsi, après apprentissage, le TDMLP fournit une fonction de transfert implicite permettant de prédire l'activité EMG à l'instant t à partir de l'activité CM pendant une période Δ située avant l'instant t.

3.3.3 Le perceptron multi-couches : Les paramètres.

Les unités de la couche d'entrée et de la couche de sortie du perceptron utilisent comme fonction d'activation, la fonction identité ($y = ax + b$). Cette fonction doit absolument être utilisée par la couche de sortie afin d'obtenir une valeur réelle et non bornée. Par contre, les unités de la couche cachée utilisent la fonction d'activation sigmoïde. La taille optimale de la couche cachée a été déterminée en essayant à la fois d'éviter le sur-apprentissage, en minimisant le nombre d'unités, et de garantir une erreur minimale, ce qui, à l'inverse, contraint à augmenter ce nombre d'unités. Nous avons donc augmenté progressivement le nombre d'unités de la couche cachée jusqu'à atteindre un plateau dans l'augmentation des performances d'apprentissage. Le nombre d'unité choisi correspond au nombre minimal d'unités permettant d'atteindre ce plateau. Après avoir déterminé le nombre d'unités, cette taille a été maintenue constante à 15 unités cachées pour l'ensemble des apprentissages et des expériences décrites au cours de ce chapitre. Ce nombre a été déterminé comme étant le nombre minimum d'unités cachées pouvant être utilisées sans dégrader de façon considérable les performances. L'apprentissage a été réalisé en fournissant un ensemble d'apprentissage correspondant à environ 120s de données en utilisant un algorithme de back propagation (descente du gradient). Le nombre d'itérations d'apprentissage a été déterminé par la méthode du earlystopping, permettant d'éviter une fois encore le sur-apprentissage. Le sur-apprentissage est le phénomène qui conduit le TDMLP, après un apprentissage trop long, à stocker simplement[2] en mémoire l'ensemble des combinaisons entrées/sorties plutôt que de géné-

---

2. trouver une fonction d'approximation est considérée comme un processus intelligent contrairement à une "simple" mémoire qui stocke l'ensemble des couples entrée/sortie.

raliser une fonction de transfert également valide pour les exemples non-vus. Par ailleurs, pour chaque cycle d'apprentissage 100 initialisations aléatoires des poids synaptiques du TDMLP à l'aide de l'algorithme de Nguyen-Widrow ont été réalisées pour débuter chaque apprentissage. Sur ces 100 apprentissages seule la meilleure performance a été conservée. Nous avons appliqué cette méthode de façon à éviter le plus possible le phénomène conduisant le Perceptron à rester bloqué dans un minimum local provoqué par une initialisation non adéquate. En résumé, réaliser 100 initialisations aléatoires consiste à explorer l'espace des poids des connexions du TDMLP de façon à éviter le plus possible un minimum local.

3.3.4 Le perceptron multi-couches : la fonction de transfert et les critères de performance

La fonction de transfert g_i du TDMLP entre l'activité CM et EMG prend comme paramètre l'activité CM pendant un intervalle de temps et une suite de poids w qui sont déterminés par apprentissage supervisé. La sortie $S_i(t)$ est la valeur de sortie du perceptron. Cette valeur doit être la plus proche possible de l'activité EMG(t) attendue ce qui diminue l'erreur. La fonction de transfert g_i recherchée peut être formalisée de la façon suivante :

$$g_i\left(CM_i\left[t - \alpha, t - \beta\right], w\right) = S_j(t) \tag{3.4}$$

Elle prend en argument une période $\Delta = \alpha - \beta$ de l'activité de la cellule CM indicée i (CM_i) pour déterminer l'activité EMG de son muscle cible j à l'instant t. Après apprentissage $S_j(t)$devrait tendre vers $EMG_j(t)$. L'intervalle Δ est soit connexe à l'instant t, et dans ce cas, $\beta = 1$ (c.a.d. que la fenêtre est située à 1 intervalle de temps de l'instant t où doit être prédit l'activité EMG) soit la fenêtre d'entrée est décalée avec un certain délais (β) par rapport à l'instant t (figure 3.4).

L'erreur E a été normalisée sur la base du calcul d'une erreur théorique maximale, Emax. Cette dernière correspond à l'erreur obtenue dans le cas où le

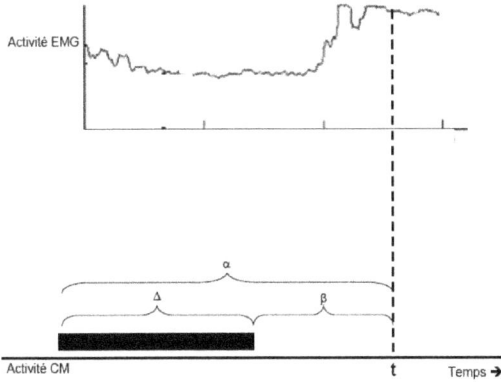

FIGURE 3.4: Relations temporelles entre la fenêtre d'entrée et le point de sortie EMG à l'instant t.

Le rectangle noir représente la période de l'activité CM placée en entrée du Perceptron. La période d'entrée a une durée Δ elle commence à l'instant $t - \alpha$ et se termine à l'instant $t - \beta$. α et β sont des variables et définissent la position et la durée de la fenêtre d'entrée relativement à l'instant t, instant courant de la prédiction de la valeur de l'activité EMG. α et β sont fixes au cours d'une même série d'apprentissage si bien que la fenêtre d'entrée glisse dans le temps toujours placée à la même période par rapport à l'instant de la prédiction.

TDMLP répondrait par la valeur moyenne de l'activité EMG dans l'ensemble d'apprentissage quelque soit la valeur placée en entrée. La base théorique utilisée est la suivante : l'algorithme d'apprentissage cherche à minimiser l'erreur entre la sortie calculée du TDMLP $S_i(t)$ et la sortie désirée $EMG_i(t)$. Dans le cas où il n'y a absolument aucune relation entre l'entrée et la sortie (par exemple si l'entrée ou la sortie est aléatoire) la decente du gradient ne parviendra à modifier aucun des poids. En effet, dans ce cas aléatoire toutes les entrées seraient statistiquement équivalentes et seul le biais indépendante de l'entrée pourrait être modifié jusqu'à atteindre une valeur permettant de diminuer l'erreur. La seule valeur permettant de diminuer l'erreur de façon inconditionnelle est la valeur moyenne de la sortie désirée. Nous avons ainsi pu calculer les performances P de chaque TDMLP à l'aide de la formule suivante, basée sur ce principe, avec

N la taille de l'ensemble d'apprentissage :

$$E = \sum_{t=1}^{N} (S(t) - EMG(t))$$

$$E_{max} = \sum_{t=1}^{N} \left(\left(\frac{EMG(t)}{N} \right) - EMG(t) \right)$$

$$P = 1 - \frac{E}{E_{max}} \tag{3.5}$$

3.3.5 PSF réalisé par le TDMLP

Après apprentissage, une procédure équivalente au STA (Cf. Chapitre I) a été réalisée avec l'activité de sortie produit par le TDMLP dans le but de calculer le PSF réalisé par le TDMLP. Le TDMLP a ainsi été utilisé pour calculer sur une durée de 104ms (26 intervalles) ; pour chaque durée sélectionnée dans l'activité CM, il y a un PA au centre de cette période (le spike trigger). Les réponses du TDMLP pour toutes les séries de 26 entrées ont été moyennées pour obtenir le PSF-TDMLP. Les PAs entourant chaque spike trigger avec un intervalle inter-spike inférieure à Δ par rapport au spike trigger se retrouvent dans la fenêtre d'entrée et sont donc en mesure d'influencer le calcul de la sortie par le Perceptron. Le PSF a été caractérisé par son amplitude, par rapport à la ligne de base avant le spike trigger. La ligne de base est le résultat du calcul par le Perceptron en prenant en compte les 12 premiers intervalles de temps.

3.4 Résultats

La figure 3.2 nous montre un exemple de données biologiques : le PSTH de l'activité d'une cellule CM avec l'activité EMG moyenne rectifiée et lissée de son muscle cible. Le tout est aligné sur le début de l'action de pression sur les leviers, début de l'augmentation significative de la force. Dans l'exemple présenté, il y a un délai de 300 ms entre l'activité CM et l'activité EMG, alors que la latence de conduction calculée à l'aide de la position observée du PSF sur un STA (non montré ici, Cf. chap. 1) est de 14 ms. Ce délai ne peut donc être expliqué par la simple latence de conduction.

3.4.1 Les performances des TDMLP

Les performances du TDMLP dans la prédiction de l'amplitude de l'EMG varient en fonction de la taille de la fenêtre d'entrée. C'est-à-dire en fonction de la période Δ de l'activité CM avant l'instant t. La figure 3.5 montre les performances normalisées (P) du TDMLP après apprentissage pour 6 cellules CM en fonction de la taille de la fenêtre d'entrée. L'apprentissage a été réalisé sur un maximum de 50 itérations (early stopping) pour chaque cellule : 50 présentations complète de l'ensemble d'apprentissage. Et pour rappel, la meilleure performance a été conservée sur 100 séries d'apprentissage avec des initialisations aléatoires différentes pour chaque série. La taille de la fenêtre d'entrée Δ varie de 40 à 520ms (10 à 130 intervalles de temps) par pallier de 40ms.

L'accroissement de la taille de la fenêtre d'entrée permet l'accroissement des performances des TDMLP jusqu'à atteindre une performance qui sature, c'est-à-dire, n'augmentant que peu ou plus avec l'accroissement de la durée de la fenêtre d'entrée. Ce maximum a été atteint, en fonction des cellules CM, entre 40 (le minimum calculé) et 520 ms. En fait, cette taille doit recouvrir le délai de pic à pic calculé entre l'activité CM et l'activité EMG. Pour une entrée plus grande que cet intervalle, les performances du TDMLP saturent. Les performances non normalisées, maximales obtenues à travers l'ensemble des couples CM/EMG testés varient entre 6 et 31%.

Nous avons alors testé si le TDMLP peut prédire l'EMG avec une petite fenêtre d'entrée de taille constante (Δ=80ms). Nous avons alors déterminé une position optimale $t - \alpha$ (Cf. 3.4) en la faisant glisser de position de plus en plus précoce. C'est-à-dire qu'on fait augmenter α de 4 à 520ms par pallier de 40ms.

La figure 3.6 montre les courbes de performances normalisées du TDMLP en

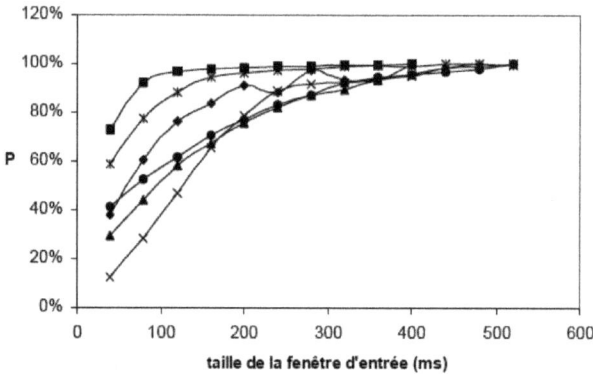

FIGURE 3.5: Performances normalisées du TDMLP en fonction de la durée Δ de la fenêtre d'entrée.

Pourcentage des performances max du perceptron en fonction de la taille de la fenêtre d'entrée pour 6 cellules CM (un tracé par cellule) choisies pour être représentatives de l'ensemble de résultats trouvés. La performance maximale atteinte par le perceptron a été normalisée à 100% sur le graphique. Pour chacun de ces tracés : les 13 points correspondent aux tailles de fenêtre de 40 à 520 ms (incrémenté par palier de 40ms). Pour chaque point, le TDMLP a été entrainé 100 fois en commençant à chaque fois par une initialisation aléatoire des poids synaptiques différente à chaque fois, et la performance maximale a été conservée.

fonction de α, autrement dit, du décalage de la fenêtre d'entrée dans le passé de l'activité de 4 cellules CM par rapport à l'instant t de la prédiction de l'activité EMG. En fonction de la cellule CM considérée, la courbe varie en terme de forme et de position de son maximum. Par exemple, pour l'une d'entre elles ($\blacklozenge$), la fenêtre à un maximum de performance lorsque la fenêtre d'entrée est centrée sur -40ms, et les performances décroissent lorsque la fenêtre d'entrée se déplace vers le passé. Pour les trois autres cellules montrées sur cette figure, le maximum est atteint pour une position de la fenêtre de -80($\times$), -160 ($\blacksquare$) et -240ms ($\star$).

A travers une population de 16 cellules CM testées, la position de la fenêtre pour les performances maximales étaient en étroite relation avec le délai pic à

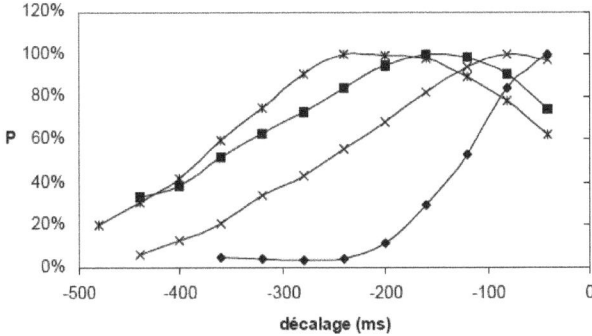

FIGURE 3.6: Performances du TDMLP en fonction de α, c'est-à-dire l'intervalle entre la période d'entrée et l'instant t.

La période d'entrée est de taille fixe ($\Delta=80$ms). Quatre (4) cellules CM sont montrées sur ce graphique. Elles ont été choisies pour être représentative de l'ensemble des résultats que nous avons trouvés.

pic entre les activités CM et EMG moyens comme montré sur la figure 3.7. Mais, pour toutes les cellules, les performances maximales atteintes avec cette fenêtre de 80ms ont toujours été inférieures aux performances maximales obtenues avec les fenêtres contiguës à l'instant t qui sont plus grandes.

3.4.2 Comparaison entre le PSF biologique et le PSF produit par le TDMLP

À partir du moment où toutes les cellules CM testées réalisaient par définition un effet PSF, nous avons souhaité vérifier si les TDMLP reproduisaient également cet effet post-spike. Le calcul du TDMLP-PSF fait intervenir plusieurs EMG à des instants successifs. Or, le TDMLP n'est pas un réseau de neurone artificiel récurrent, donc chaque instant de l'activité EMG est considéré comme indépendant des autres. Il n'était donc pas évident que le TDMLP puisse reproduire cet effet. Pourtant, un effet PSF produit par le TDMLP a bien été constaté. La fonction d'entrée/sortie apprise par le MLP permet non seule-

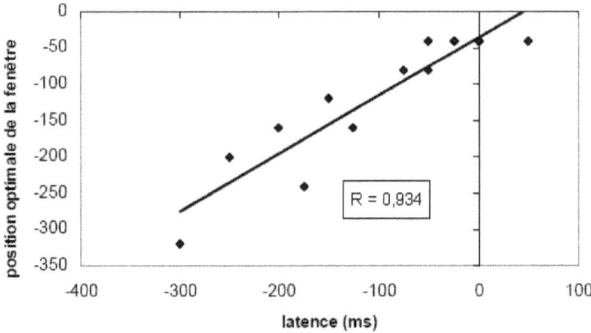

FIGURE 3.7: Relation entre le délai pic à pic entre la fréquence CM et l'activité EMG déterminé avec les PSTH et la position optimale de la fenêtre de taille fixe (Δ=80ms) déterminée par le TDMLP (4 points superposés).

ment de donner une prédiction de l'activité EMG (P=6 à 31%) mais permet également de reproduire l'effet PSF. Avec cette fonction d'entrée/sortie à notre disposition, nous pouvons maintenant tenter de tester la possible influence du train de PA sur l'amplitude du PSF. Nous avons pour cela utilisé 2 types de trains de PAs qui diffèrent l'un de l'autre par les PAs dans l'environnement du spike trigger. Lesquels sont :

1. **L'entrée biologique originale, telle qu'enregistrée.** La figure 3.8 montre la sortie d'un TDMLP pour ±52ms autours du spike trigger. Ce calcul a été réalisé de la même manière qu'un STA normal mais en utilisant à la place de l'activité EMG la sortie du TDMLP entraîné puis simulé[3] avec l'activité biologique CM réelle en entrée. Nous voyons dans cet exemple un effet PSF très net avec un début arrivant à 16ms (4 intervalles de temps).

2. **Aucun PA en dehors du trigger.** La figure 3.9 nous montre le PSF produit par le même TDMLP mais à partir d'un seul spike trigger sans aucune activité de PA dans le vecteur d'entrée en dehors du spike trigger.

---

3. La simulation d'un réseau de neurones consiste à tester la sortie donnée par le réseau après une période d'apprentissage (l'entraînement du réseau).

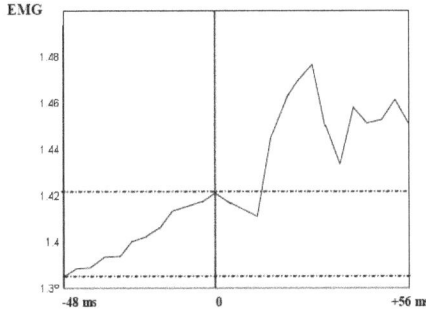

FIGURE 3.8: Effet PSF moyen produit par le TDMLP.

Exemple issu d'un TDMLP sur une période de 26 intervalles soit 104 ms. La position du spike trigger est repérée par la ligne verticale. Le TDMLP a été simulé avec les données CM biologiques réelles. Les lignes pointillées horizontales représentent les limites de l'activité background (avant le spike trigger). L'échelle en y est relative. Le début de l'effet PSF est mesuré à partir du moment où il dépasse le max de l'activité background.

Nous observons là encore un effet PSF très net, mais de forme différente, arrivant à 12 ms (3 intervalles de temps).

Il y a donc une possible influence des PAs environnants sur les caractéristiques du PSF.

Ayant trouvé un effet PSF « synthétique » généré par le TDMLP, nous souhaitons comparer cet effet avec le « vrai » PSF biologique. Nous avons quantifié l'effet PSF synthétique et l'avons comparé avec la mesure MPI obtenues avec les données biologiques. La figure 3.10 nous montre la corrélation positive obtenue entre l'amplitude du PSF biologique (le MPI) et l'amplitude relative (PSV) du PSF obtenue avec le TDMLP. Le MPI étant l'amplitude moyenne de la facilitation entre le neurone et le muscle, et est en quelque sorte considéré comme le poids synaptique de la connexion. Nous avons alors souhaité savoir s'il existe une relation entre l'amplitude du PSF biologique mesuré par le MPI et les performances du TDMLP. On s'attendrait donc à voir une meilleure relation entre l'activité CM et EMG lorsque le poids de la facilitation est grand et par voie

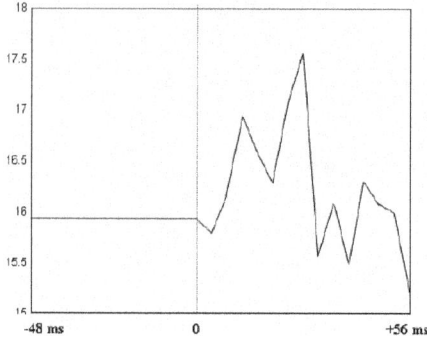

FIGURE 3.9: Pareil que figure 3.8, mais sans activité CM en dehors du spike trigger. L'échelle en y est relative. Il en résulte que l'activité background est stable et correspond au biais du réseau de neurones TDMLP.

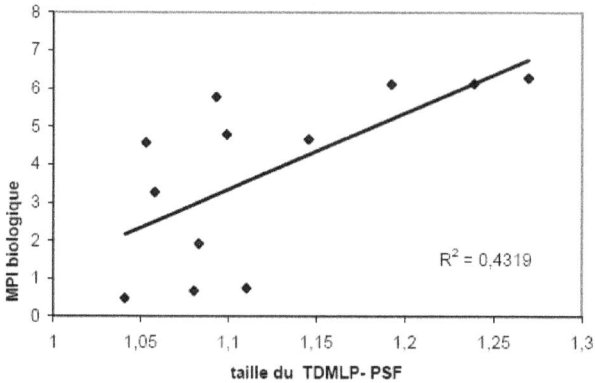

FIGURE 3.10: Relation entre l'amplitude du PSF biologique calculée par le MPI et l'amplitude du PSF-TDMLP.

La corrélation est positive (N=12, R=0,66). Le MPI biologique est exprimé en pourcentage tandis que le PSF du TDMLP est sans unité car étant un rapport.

de conséquence une meilleure performance du TDMLP. Or, à travers toutes les performances des TDMLP obtenues variant de 6 à 31%, nous n'avons pas trouvé de corrélation significative entre ces deux mesures (N=12, R=0,14).

3.4.3 L'importance différentielle des PAs à l'intérieur de la fenêtre d'entrée

Afin d'évaluer l'importance des PAs en fonction de leur position dans la fenêtre d'entrée, nous avons divisé la fenêtre en 2 parties égales. Nous avons choisi la fenêtre de taille optimale c'est-à-dire une taille qui permet de maximiser les performances pour une taille des entrées minimale. Cette fenêtre recouvre donc la latence calculée entre l'activité CM et EMG et est contiguë à l'instant t. On peut voir sur la figure 3.3 une première période $\left[t - \Delta; t - \frac{\Delta}{2}\right]$ appelée période « à long terme » représentée par la lettre « A ». Et une seconde période couvrant $\left[t - \frac{\Delta}{2}; t - 1\right]$, appelée période « à court terme », la période « B ».

Après apprentissage sur l'ensemble de la fenêtre d'entrée (A+B), le TDMLP a été simulé avec des entrées CM tronquées soit de la partie « A » soit de la partie « B ». La figure 3.11 montre un exemple pour chacun des 3 cas possibles sur une période de 4s, la sortie du TDMLP est superposée à l'activité EMG enregistrée. Les différences (qualitative) entre les 3 sorties du TDMLP suggèrent une contribution différente des 2 régions temporelles de la fenêtre d'entrée. La meilleure performance est obtenue avec l'utilisation simultanée des deux fenêtres (A+B) avec dans l'exemple présenté figure 3.11A) une performance P=40% sur ces 4 secondes. L'utilisation de la seule période à long terme (A seule) figure 3.11B) produit une performance moindre mais continue à suivre les grandes variations de l'activité EMG mais de façon nettement moins précise. Par contre, l'utilisation de la seule période à court terme (B seule) ne permet pas au TDMLP de suivre l'activité EMG. Les seules activités visibles avec, seulement la période à court terme en entrée du TDMLP, sont de faibles variations autours de la moyenne de l'activité EMG.

A première vue, la période à court terme (B) semblerait incapable d'ac-

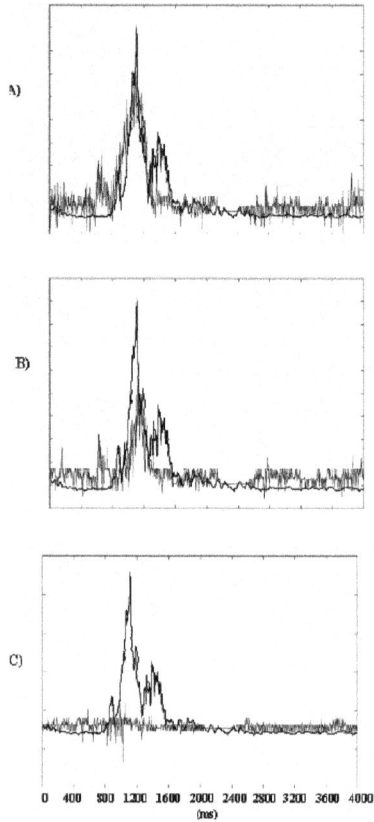

FIGURE 3.11: Exemple d'activité EMG et la prédiction par le TDMLP en fonction de l'entrée montrée.

Le trait noir plein représente une activité EMG enregistrée tandis que le trait gris représente la sortie du TDMLP. La sortie du TDMLP est calculée à partir de 3 fenêtres d'entrée différentes
A) La fenêtre d'entrée sur l'activité CM est montrée en intégralité au TDMLP.
B) Seule la période à long terme (A) dans l'entrée est montrée,
C) Seule la période à court terme (B) dans l'entrée est montrée.

croître les performances du TDMLP. Afin de le vérifier, nous avons sélectionné à l'intérieur de la période à court terme une fenêtre de 40 ms contiguë à l'instant t. Cette fenêtre pourrait éventuellement contribuer à générer le PSF. De plus, à l'intérieur de la période à long terme, nous avons choisi une fenêtre de 80 ms centrée sur le délai du maximum de performance (figure 3.6). Ainsi, nous avons utilisé deux fenêtres de taille fixe et disjointes. De cette manières toutes les cellules testés possèdent un vecteur d'entrée de la même durée si bien qu'il devient possible de comparer les performances des cellules entre elles. Et pour garantir la même durée de la fenêtre d'entrée pour toutes les cellules, les deux sous-fenêtres ne doivent absolument pas être superposées. Si bien qu'en fonction du délai devant être supérieure à 80ms nous avons pu re-sélectionner seulement 6 cellules CM pour lesquelles il a été possible de placer les fenêtres à court et long terme de façon non superposées.

De façon à quantifier le gain en performance dû à l'utilisation de la fenêtre à court terme, nous avons testé deux conditions d'apprentissage. La première basée sur l'utilisation des PAs des deux périodes et la seconde masquant la fenêtre à court terme. Nous avons trouvé que l'utilisation des deux fenêtres permettait d'augmenter les performances moyennes de 14±5,7% par rapport à l'utilisation de la fenêtre à long terme seule. Donc, l'utilisation de la période à court terme même sur une durée de seulement 40 ms, permet effectivement d'augmenter les performances du TDMLP. Enfin, nous avons testé si le taux d'accroissement des performances du TDMLP avait un rapport avec l'amplitude du PSF biologique (le MPI). Ce fût effectivement le cas : la figure 3.12 montre une corrélation positive ($N=6$, $R=0,83$) entre l'accroissement des performances avec l'utilisation de la période à court terme et l'amplitude du PSF expérimental (MPI).

3.5 Discussion et conclusion

Nous avons souhaité évaluer le codage utilisé par les neurones CM permettant de définir l'activité EMG. Les cellules CM sont causalement impliquées dans la production de l'activité musculaire via leur connexions monosynaptiques et

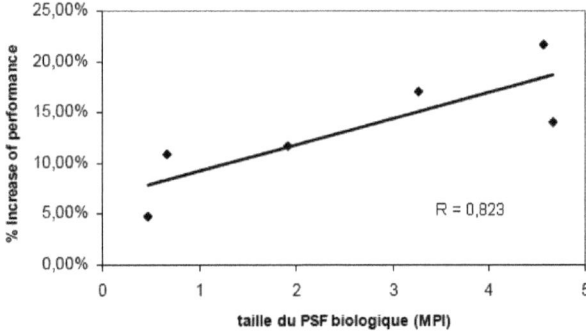

FIGURE 3.12: Accroissement des performances par utilisation de la période à court terme en plus de la période à long terme seule

excitatrices sur les motoneurones de la moelle épinière. Nous avons utilisé une approche computationnelle basée sur un perceptron multi-couches (TDMLP) dans le but de prédire l'activité d'un muscle cible à chaque instant t à partir de l'activité EMG qui est sa résultante pendant une certaine durée?

3.5.1   Généralités sur la relation entrée/sortie observée

Nous avons recherché la fonction de transfert existant au niveau de la voie commune finale dans le système moteur du primate. Pour cela, nous nous sommes basés sur les enregistrements de l'activités de neurones CM et d'activités musculaires (EMG) chez le singe éveillé pendant une tâche de maintien d'une force précise entre le pouce et l'index. Et nous avons utilisé l'enregistrement de ces neurones et de leurs muscles cibles pour rechercher la fonction de transfert réalisant la conversion de l'activité corticale vers l'activité musculaire. Pour cela nous avons fait apprendre cette fonction à des réseaux de neurones artificiels de type Perceptron multi-couches (TDMLP) en mettant en entrée l'activité binaire d'un neurone CM et comme sortie désirée l'activité d'un de ses muscles cibles. Le TDMLP réussissait à suivre l'activité EMG avec une performance suivant les couples neurone/muscle variant de P=6 à P=31%. Ceci a été obtenu à partir de la seule information sur l'activité d'un neurone CM pendant une période de 40 à 520ms précédant l'instant 't' de la prédiction. Avec des performances variant de 6 à 31%, il est clair qu'une seule cellule CM ne détermine l'activité EMG que partiellement. Ces performances semblent plutôt élevées si on considère qu'une seule cellule CM fait partie d'une colonie comprenant certainement de très nombreuses cellules CM, projetant toutes vers le même muscle cible, de plus, il existe des contributions de nombreuses autres entrées prémotoneuronales et chaque cellule CM connecte plusieurs muscles cibles ce qui devrait encore réduire la relation CM/EMG trouvée.

Néanmoins, nous avons pu observer plusieurs points d'intérêts.

La fréquence de décharge CM peut être mise en relation avec l'activité EMG. Cette relation avait déja été reportée de nombreuses fois dans la littérature (e.g. : Maier et al., 1993). Nous avons mis en relation le délai entre le pic d'activité de la fréquence de décharge du neurone CM (PSTH) et le pic d'activité de l'EMG rectifié avec la position optimale dans le passée de l'activité CM de la fenêtre d'entrée du TDMLP (figure 3.7). Nous avons pu en conclure que la fréquence de décharge de l'activité CM est probablement le code utilisé par le MLP dans la fenêtre de position optimale. Nous avons pu constater que la position de cette fenêtre pouvait varier de 40 à 320ms, c'est-à-dire plusieurs centaines de millisecondes. L'utilisation de l'information à plus long terme s'est révélé être négligeable en ce qui concerne l'augmentation des performance du TDMLP dans la prédiction de l'activité EMG.

Les performances du TDMLP peuvent être augmentées de façon significative (14±5,7%) en prenant en compte l'activité CM dans un délai plus court que celui de la position optimale de la fenêtre. Nous avons trouvé une forte corrélation (N=6, R=0,83) entre l'accroissement des performances avec l'utilisation de la période à court terme et l'amplitude du PSF expérimental (MPI). De plus, un effet de type PSF a pu être reproduit par le TDMLP bien que l'architecture sans récurrence du TDMLP rendait cette reproduction plus qu'aléatoire. Notre hypothèse en forme de conclusion concernant tous ces faits est que la fonction de transfert recherchée utilise la fréquence de décharge du neurone CM

comme principal vecteur d'information. De façon plus concrète, considérant par
hypothèse que l'ensemble de la fenêtre d'entrée transmet 100% de l'information
véhiculée par le neurone CM. La période à très long terme, c'est à dire après
la période déterminée par la position optimale de la fenêtre d'entrée véhicule
une information qui s'est révélée être négligeable pour prédire l'activité EMG.
Par contre la période à court terme permet d'augmenter en moyenne de 15% les
performances du TDMLP dans la prédiction de l'activité EMG, nous pouvons
ainsi déterminer qu'environ 85% (=100-15) de l'information est contenue dans
la seule fenêtre de position optimale. Sachant qu'on a pu mettre en relation la
position de la fenêtre optimale avec le délais pic à pic entre la fréquence de décharge du neurone CM (PSTH) et l'activité EMG rectifié et lissée. Nous pouvons
en déduire que 85% de l'information transmise par le neurone CM est transmis
par sa fréquence de décharge moyenne seule. En effet, en forçant le TDMLP
à n'utiliser que cette région, on observe que les performances du TDMLP sont
certes dégradées mais qu'il arrive néanmoins à suivre l'activité EMG de façon
globale (Cf. figure 3.11), c.a.d. les grandes variations de l'EMG. Sur le plan
biologique, il a été montré que les motoneurones avec leur dynamique limitée
dans la modulation de la fréquence peut agir comme un filtre passe-bas (Kohn
et Vieira, 2002) en partie causée par une longue hyperpolarisation post-spike
(Carp, 1992). Allant dans ce sens, il a été démontré que l'activité temporelle
des cellules CM d'une colonie est plus phasique que l'activité EMG du muscle
cible (Fetz et al., 1989). Sur le plan du traitement de l'information, l'évaluation de la fréquence moyenne à l'intérieur d'une fenêtre de taille suffisamment
grande revient également à utiliser un filtre passe-bas : les variations trop ra-
pides de la fréquence sont fondues dans la moyenne de la fréquence de la fenêtre
d'évaluation. A l'inverse, en ne conservant que l'activité CM à court terme,
nous avons observé que le TDMLP ne produisait que de petites variations incapable de transmettre la moindre information sur l'activité EMG de manière
indépendante (figure 3.11C).

Les 15% d'augmentation des performances de l'activité EMG concerneraient donc une information non utilisable par elle-même sauf si elle est combinée à la fréquence moyenne de décharge du neurone.

3.5.2 Un possible codage temporel ?

Les résultats de l'analyse par TDMLP suggèrent que la fonction de transfert existant entre l'activité des cellules CM et l'activité EMG contient également de l'information dans le domaine du temporel. Cette affirmation peut être en particulier etayée par l'observation de la reproduction d'un effet ressemblant au PSF biologique par le TDMLP. Le TDMLP n'étant pas un réseau de neurone réccurent, il doit donc y avoir un moyen de coder l'information concernant le PSF dans la séquence binaire de l'activité CM.

Sur le plan biologique, nous savons que le PSF n'est pas un phénomène qui dépend strictement de la fréquence (Fetz et Cheney, 1980 ; Lemon et al., 1986) mais avant tout de la connectivité synaptique qui est la condition nécessaire pour obtenir un PSF. L'amplitude du PSF réalisé par le TDMLP est très à corrélé à celui produit biologiquement (figure 3.10). De plus ce PSF semblait également avoir un lien avec l'accroissement des performances du TDMLP lors de l'utilisation d'une fenêtre à court terme avant le spike trigger (figure 3.12). Donc l'effet PSF semble être le résultat d'un codage situé dans la fenêtre à court terme avant chaque spike trigger.

La question posée actuellement concerne le possible lien entre l'effet PSF, l'amplitude du PSF, les performances dans la prédiction de l'activité EMG par le TDMLP et le codage de l'activité CM dans la fenêtre à court terme. Nous avons déja fait le lien entre l'amplitude du PSF biologique (MPI) et l'augmentation des performances par l'utilisation de la fenêtre par le TDMLP pour prédire l'activité EMG. Nous savons donc qu'il existe un lien, mais lequel ? L'utilisation de la fenêtre à court terme contient une information qui ne semble pas exploitable directement pour prédire l'activité EMG. Au contraire l'activité prédite

par le TDMLP avec la seule fenêtre à court terme ne semble être que des petites
variations (Fig 3.11C). Notre hypothèse concernant ce fait est que les petites variations observés seraient en fait la production par le TDMLP d'effets PSF seuls.
En conséquence, la fenêtre à court terme contiendrait l'information nécessaire
simplement pour produire cet effet PSF. Or, l'effet PSF étant par définition un
petit effet serait insufisant pour suivre et donc prédire le décourt temporel de
l'activité EMG. Partant de cette hypothèse, nous devons ensuite comprendre
comment l'information à court terme concernant le PSF peut être combinée à
la fréquence moyenne de décharge du neurone dans la fenêtre à long terme de
manière à augmenter la performance de prédiction de l'activité EMG. L'hypothèse la plus simple est que ces 2 valeurs (la fréquence moyenne et le PSF) sont
simplement sommées l'une à l'autre de façon à obtenir la prédiction finale sur
l'activité EMG. Pour faire une métaphore, la fréquence moyenne de décharge
du neurone CM serait combinée au petit effet PSF de la même manière que les
dizaines seraient combinées aux unités dans un système décimal. Il semblerait
donc que l'effet PSF participe au codage des variations fines de l'EMG contrairement à la fenêtre à long terme qui réaliserait un filtre passe bas sur le train
de PAs pour ne conserver que les variations globales.

Sur un plan biologique, des mécanismes de codage temporel ont été décris
au niveau du motoneurone et dans le système corticospinal : Les motoneurones
d'un même pool (Datta et al., 1991) ou de pools différents (Bremner et al.,
1991) ont tendance à être synchronisés. Sur le plan cortical, des synchronies ont
également été décrites dans les activités des cellules des Cortex Moteurs (Baker
et al., 2001) mais également entre les neurones CM (Jackson et al., 2003 ; Smith
et Fetz, 1989). Pour la partie temporelle, l'argument se base essentiellement
sur la capacité du TDMLP à partir d'un seul PA à pouvoir reproduire le PSF
(Cf. figure 3.9). Sur le plan biologique nous supposons que ce ne peut être
possible que dans le cas où plusieurs PAs sont synchronisés afin d'obtenir un
effet visible. Cette contrainte n'est pas supportée par le TDMLP, et un seul PA
peut provoquer un PSF. Pour un TDMLP qui est un réseau non récurent, la
seule possibilité pour produire un PSF est qu'il devient nécessaire que le TDMLP

donne un poids différent à chaque position du PA dans la fenêtre d'entrée. Si bien que ce qui code le PSF n'est pas forcément défini par le nombre de PAs dans la fenêtre mais bien par l'évolution temporelle du PA dans la fenêtre d'entrée par glissement de sa position au cours du temps. Un autre argument allant dans le sens d'un possible codage temporel des PAs dans la fenêtre à court terme est que, dans la plupart des cellules CM enregistrées, il y a une superposition des fenêtre à court et à long terme. L'absence de superposition n'a pu être observée que pour 6 cellules sur les 19 étudiées dans ce chapitre. Or s'il y a superposition, il devient nécessaire d'utiliser des codages différents pour éviter toute confusion dans l'information transmise pour l'une ou l'autre. Nous n'avons donc, à ce niveau, pas de confirmation stricte qu'il existe bel et bien un codage temporel dans la fenêtre à court terme. Mais un faisceau d'arguments laisse cette possibilité ouverte dans cette partie de la fenêtre la plus proche du spike trigger.

Sur un plan plus formel, le TDMLP transforme une entrée binaire, représentant l'activité d'un neurone CM au cours du temps, en une sortie réelle représentant l'activité EMG conséquence de cette activité binaire. En subdivisant la fenêtre d'entrée en une période contenant les PAs à long terme et une autre contenant ceux à court terme, nous avons essayé de démontrer que le long terme code essentiellement avec la fréquence moyenne ; pour le court terme un code reste encore à déterminer mais plusieurs indices vont dans le sens d'un codage plus temporel. Dans la plupart des cellules (13 sur 19) les périodes à long et à court terme sont superposées. Malheureusement avec le TDMLP nous ne pouvons inverser la fonction de transfert pour désimbriquer ces 2 codages. Notre interprétation est qu'il est nécessaire d'avoir 2 codages différents afin de pouvoir les multiplexer dans la même fenêtre plutôt que 2 codages identiques qui entreraient forcément en conflit pour la définition de leurs domaines de valeurs respectifs et rendrait la mise en oeuvre plus complexe. En nous basant sur nos résultats, nous pouvons supposer que le codage en fréquence moyenne dans la fenêtre à long terme permet de définir les grandes variations de l'EMG

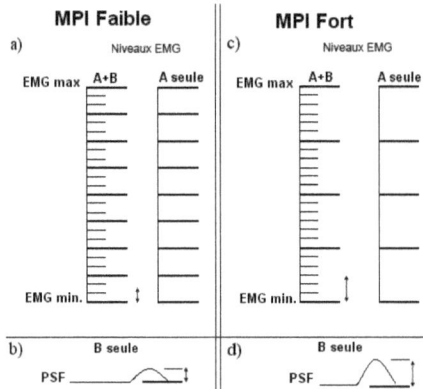

FIGURE 3.13: Hypothèse sur le codage de l'EMG par le neurone CM en fonction de l'amplitude du MPI.

En a) & c) : les niveaux d'activité EMG, les traits longs et gras représentent les niveaux généraux définis par la fréquence moyenne tandis que les traits fins et courts représentent les niveaux détaillés définis par le PSF. Les colonnes (A+B) représente l'effet du codage de l'EMG par l'activité CM en utilisant la fenêtre d'entrée à court et à long terme (A et B). Les colonnes "A seule" représente l'effet du codage en n'utilisant que la période à long terme. On voit qu'on perd en précision dans la définition de l'activité EMG.

En b) & d), la moyenne des PSF (le MPI) pour A & B respectivement. Un MPI fort est donc synonyme d'une plus grande modulation des petites variations. Un MPI fort transmet plus d'information qu'un MPI faible dans cette hypothèse ce qui expliquerait la relation entre MPI et augmentation des performances.

On en conclue que le gain en précision est meilleure dans le cas d'un MPI fort que dans le cas d'un MPI faible.

(environ 85% de l'information transmise). Tandis que le codage temporel participe, quant à lui, aux variations fines de l'EMG (environ 15% de l'information transmise en moyenne). Or nous avons constaté que plus le PSF a une taille importante et plus la partie à court terme de l'activité CM permet d'augmenter les performances. Notre interprétation de ce phénomène est que le MPI serait en fait la moyenne des variations fines de l'EMG. Ainsi, plus cette moyenne est grande et plus la gamme de définition des petites variations de l'EMG est importante, écartant de cette manière les « points » définis par les grandes variations. Ceci expliquerait pourquoi plus le PSF est important, plus la partie à court terme contient d'information et plus son utilisation serait donc en mesure d'augmenter les performances du TDMLP. En contrepartie de l'augmentation de la quantité d'information contenue dans la partie à court terme et pour une quantité égale d'information transmise, la partie à long terme en contiendra moins (à quantité d'information totale égale). Un modèle du codage de l'information EMG contenue dans l'activité EMG pourrait être défini comme suit : l'amplitude de l'activité EMG pourrait être subdivisée en plusieurs niveaux globaux d'activité. La fréquence de décharge moyenne de la cellule CM pourrait permettre de définir quel serait le niveau global à atteindre. Chaque niveau serait également subdivisé en plusieurs niveaux plus fin. Le codage temporel de la cellule CM permettrait de définir lequel de ces niveaux fins serait à atteindre. Enfin la combinaison des deux permettrait d'atteindre la valeur EMG finale souhaitée. C'est pourquoi pour une même quantité d'information transmise par le neurone CM, la fréquence seule transmet plus d'information dans le cas d'un MPI faible (figure 3.13A & C) que dans le cas d'un MPI fort (figure 3.13B & D). Pour donner un exemple simple, considérons l'EMG comme une valeur entière comprise entre 0 et 100. Pour définir cette valeur, nous pourrions découper l'activité EMG en 10 valeurs globales afin de définir une valeur globale de l'EMG (par exemple, 10, 20 ou 30). Pour atteindre une précision de l'ordre de l'unité (ex : 14, 23 ou 35, ...), il faudrait ensuite subdiviser les niveaux globaux en 10 niveaux fins qui pourraient être définis par le codage temporel. Par exemple, afin de déterminer la valeur 48, l'activité CM produirait 4 PAs dans la fenêtre à long terme, permettant ainsi par leur fréquence moyenne de définir que l'activité globale de l'EMG sera d'environ 40. Tandis que la séquence précise de ces PAs, ou des suivants (dans le cas où la fenêtre à long terme est dissociée de la fenêtre à court terme), permettrait de définir la valeur précise de l'EMG, relativement à la valeur globale courante (40), qui est dans notre exemple +8. Dans ce cas l'information en fréquence moyenne transmet environ 90% de l'information et les variations fines les 10% restant. Bien sur, dans l'exemple donné, nous aurions tout aussi bien pu découper les valeurs globales de l'EMG en 5 (20*5 =100). Dans ce cas, pour atteindre la même précision que précédemment (un EMG définit sur 100 valeurs par une combinaison des codages en fréquence moyenne et en temporel), il serait nécessaire de définir les variations fines sur 20 valeurs au lieu de 10 précédemment. Dans ce cas, la fréquence moyenne transmettrait 80% de l'activité EMG et les variations fines les 20% restant. Notre hypothèse est conforme aux observations dans le sens où plus le MPI est fort et plus il est possible d'augmenter la précision de codage de l'activité EMG en prenant en compte la période à court terme. Explications : si auparavant, nous avions fait la moyenne des petites variations, lorsqu'elles étaient définies sur 10 valeurs, nous aurions sans doute, dans une hypothèse de définition homogène des valeurs EMG, trouvé une valeur proche de 5 (MPI=5). Par contre, si les petites variations définissent 20 valeurs, nous trouverons dans ce second cas, une moyenne des petites variations proche de 10 (MPI=10), toujours dans l'hypothèse d'un EMG défini de manière homogène. Donc dans le cas ou la moyenne des petites variations est faible (5) les négliger ferait perdre moins d'information que dans le cas ou cette moyenne est grande (10), puisque dans ce second cas, l'EMG est défini par la fréquence moyenne de 20 en 20 alors que dans le premier cas, l'EMG est défini de 10 en 10. Supposons maintenant que cette moyenne des petites variations soit le MPI. Nous comprenons alors mieux pourquoi, plus le MPI est grand et plus la prise en compte de la période à court terme fait augmenter les performances du TDMLP, comme montré sur la figure 3.12 : plus le MPI est grand et plus les petites variations sont en mesure de coder une large gamme de l'activité EMG.

Formalisation Nous souhaitons maintenant formaliser la relation observée entre les activités CM et EMG décrite jusqu'à présent. Bien que nous ne sachions pas dans les détails comment est défini le codage temporel de l'activité CM, nous pouvons sur la base de nos résultats faire au moins l'hypothèse que ce codage est basé à la fois sur un placement précis des PAs à l'intérieur de la fenêtre d'entrée le codage temporel et sur la fréquence moyenne, c'est-à-dire le nombre de PAs dans la fenêtre. Chaque position u_i de la fenêtre d'entrée possède une valeur 0 ou 1 : 0 si à cette position il n'y a pas de PA et 1 s'il y a 1 PA. Pour le codage temporel, à chaque position précise u_i des PAs dans la fenêtre serait associé un coefficient pondérateur v_i. Le codage en fréquence compterait le nombre de PAs dans la fenêtre. Ce nombre serait pondéré par un coefficient A.

$$EMG(t) = \left(A \sum_{i=t-p}^{t-p_f} u_i \right) \left(\sum_{i=t-k}^{t-1} u_i v_i \right) \tag{3.6}$$

La position des PAs est définie par rapport au vecteur d'entrée u, les indices 'i' permettent d'identifier la position dans ce vecteur. Le premier élément $\left(A \sum_{i=t-p}^{t-p_f} u_i \right)$ est la fréquence moyenne dans une sous-partie du vecteur d'entrée $[t - p; t - p_f]$. Le second élément $\left(\sum_{i=t-k}^{t-1} u_i v_i \right)$ est le calcul des variations fines de l'EMG par un codage temporel. Nous voyons ici qu'à chaque intervalle temporel de la fenêtre d'entrée est associé un poids particulier défini par un élément i du vecteur **v**. Comprendre comment le système spinal est en mesure de mesurer aussi précisément l'ordre d'arrivé des PAs dans le temps reste un autre point capital qui reste encore à déterminer et sera discuté plus tard dans le chapitre V avec un modèle de décodage de l'activité CM basé sur la généralisation du principe de la sommation temporelle observé dans les neurones biologiques.

Quelles sont les conséquences d'un tel modèle ? La première conséquence est que le nombre de grands niveaux de l'EMG pouvant être codés par le neurone CM dépendrait directement de la modulation en fréquence moyenne de décharge pouvant être générée par la cellule. C.a.d., les nombres maximum et minimum de PAs à l'intérieur de la sous-fenêtre d'entrée $[t - p; t - p_f]$ que la cellule CM est capable de produire de manière à pouvoir calculer la fréquence moyenne Max et Min. Sachant que la fréquence moyenne est, dans le cas de cette modulation, proportionnelle au nombre de PAs présents dans cette sous-fenêtre d'entrée, cela forme bien des niveaux discrets. Dans le cas d'une faible modulation en fréquence de l'activité de la cellule CM, ayant pour conséquence un faible nombre de "grands" niveaux et par là-même une faible quantité d'information transmise par la fréquence moyenne, cette faiblesse de la transmission d'information par la fréquence moyennne pourrait être compensée par un renforcement de la modulation du codage des "petites" variations par le PSF d'où l'observation collatérale d'une augmentation significative de la valeur du MPI produit par la cellule CM sur le muscle cible. Autrement dit, alors que le nombre de niveaux globaux serait limité par une faible modulation en fréquence de la cellule CM, une augmentation du nombre de niveaux fins permettrait de compenser la perte d'information. En terme de codage, de la façon définie par hypothèse par l'équation (4) chaque combinaison possible, chaque arrangement particulier des PAs dans la fenêtre d'entrée permettrait en théorie de définir une valeur différente des petites variations de l'activité EMG. En considérant la fréquence min de décharge du neurone CM nulle, f_{max} est la fréquence max de décharge moyenne de la cellule CM et Δ est la taille de la fenêtre temporelle d'entrée, alors dans ce cas, le nombre d'arrangements possibles des PAs dans la fenêtre de la cellule CM serait $2^{\Delta f_{max}}$. Ceci suppose aussi que la précision temporelle de décharge de la cellule CM, permettrait de définir la taille de chaque échantillon unitaire de temps dans la fenêtre ou qu'elle soit directement liée à sa fréquence de décharge maximale.

La seconde conséquence concerne les transitions possibles. De façon théorique, pour transmettre un message contenant l'activité globale de l'activité EMG (avec la fréquence moyenne de décharge du neurone CM) puis les petites variations fines (avec un possible codage temporelle de l'information), il faut un certain temps de transmission. Ce temps de transmission du message, que nous avons défini jusqu'à présent par la taille Δ de la fenêtre d'entrée, impose que les fenêtre d'entrées des instants 't' et '$t + 1$' soient en très grandes partie superposées l'une sur l'autre. Par voie de conséquence, les transitions d'une valeur de l'activité EMG à une autre sont très limitées en passant d'un instant 't' au suivant '$t + 1$'. Il s'agit d'une conséquence très importante de cette forme de codage car les transitions possibles imposent des limites strictes dans les possibilités de l'activité EMG, contrairement au cas d'un codage basé sur la fréquence instantanée de décharge des neurones où une certaine fréquence instantanée peut être théoriquement suivie par n'importe quelle autre fréquence instantanée et une certaine valeur de l'activité EMG pouvant être suivie par n'importe quelle autre valeur de l'activité EMG. Donc l'impossibilité pour cette forme de codage de produire n'importe quelles transitions serait répercuté causalement par l'observation de patterns temporels particulier dans l'activité EMG. Cette seconde conséquence pourrait être soutenue par l'observation de certaines séquences particulières de l'activité EMG reliées à la production de seulement certains mouvements particuliers. Cela pourrait être la cause de la spécialisation des cellules CM pour certains mouvements (Muir et Lemon, 1983).

La limite du modèle est de devoir calculer précisément les coefficients v_i de la fenêtre temporelle. De plus, il devient nécessaire au système biologique de mesurer avec une précision de quelques millisecondes (4ms dans notre étude) l'arrivée des PAs à l'intérieur de la fenêtre d'entrée. Comment un système biologique serait-il en mesure de calculer les coefficients v_i et de mesurer le temps précis d'arrivée des PAs ? Surtout que face à ce problème s'oppose l'apparente simplicité du calcul de la fréquence moyenne d'arrivée des PAs par un neurone biologique. Nous proposerons au chapitre V une solution biologiquement plausible permettant à la fois de calculer les coefficients temporels mais également l'ordre précis d'arrivée des PAs dans la fenêtre temporelle.

Chapitre 4

L ' HYPOTHÈSE TEMPORELLE

4.1 Résumé

Codage temporel dans l'activité cortico-motoneuronal. Nous avons cherché des indices d'un codage temporel de l'amplitude de la facilitation post-spike (PSF) au niveau de l'activité des neurones du système CM. Le PSF est la modification consécutive à l'émission d'un potentiel d'action par un neurone CM de l'activité moyenne EMG.

Nous avons cherché à savoir dans ce chapitre si l'activité PSF peut être modulée par l'activité CM, et si oui, de quelle manière ?.

Nous avons vérifié dans un premier temps qu'il n'y avait pas de corrélation entre la fréquence moyenne de décharge des neurones CM et l'amplitude du PSF. Nous avons ensuite recherché des indices d'un codage temporel du PSF en calculant le niveau de similarité des trains de PAs CM en fonction de l'amplitude du PSF. Nous avons constaté une certaine uniformisation de l'activité CM lorsque le train de PAs a été sélectionné en fonction de l'amplitude du PSF. Cette uniformisation des patterns CM est davantage observée dans un délai de moins de 100 ms avant le potentiel d'action déclencheur du PSF. Cette uniformisation des trains de PAs pourrait être un indice de la génération d'un certain patron (ou pattern) de PAs par le neurone CM en fonction de le taille du PSF. Ce patron étant détecté plusieurs dizaines de millisecondes avant que le PSF ne soit effectif, il y aurait donc une possibilité que le neurone CM code l'amplitude du PSF souhaité en générant un certain patron d'activité.

Nous avons ensuite utilisé la technique de l'autocorrellogramme (AC) "partiel" nous permettant d'identifier des patrons de potentiels d'actions en fonction de l'amplitude du PSF. Le terme partiel se réfère au fait que cet autocorrélogramme particulier ne prend en compte qu'une partie de l'activité CM sélectionné en fonction de l'activité EMG du muscle cible. Nous avons ainsi identifié un codage temporel pouvant être utilisé par les neurones CM pour coder l'amplitude du PSF. Ce qui caractérise les patrons trouvés est une suite de positions temporelles particulières relatives au spike trigger pouvant être associées à certaines tailles de PSF. Les patrons d'activité CM sont indépendants de la fréquence moyenne de décharge dans le sens ou pour chaque fréquence moyenne a pu être défini un patron particulier dérivant des autres patrons. Nous avons ensuite cherché à valider l'influence des patterns trouvés sur l'amplitude du PSF en les utilisant en entrée d'un Perceptron multi-couches préalablement entraîné à la prédiction de l'activité EMG à partir de l'activité CM (Cf. Chapitre III). Nous avons observé qu'en plaçant les patrons détectés dans l'activité CM en entrée du Perceptron, la sortie obtenue, c'est à dire une activité EMG synthétique, montrait une variation temporelle dépendant du type de patron placé en entrée. Cette observation confirme la relation entre patrons de décharge temporel dans l'activité CM et l'amplitude du PSF. De plus, la reproduction d'un effet différentiel sur l'amplitude du PSF en fonction du patron CM laisse sous entendre la possibilité d'une relation inscrite au sein de la fonction de transfert existant entre l'activité CM et musculaire. Enfin, nous avons pu mettre en relation le niveau d'apparition de ces patrons temporels avec le degré de réussite de la tâche de maintien de la force sur les leviers grâce à des données obtenues chez 2 singes. Nous avons calculé la fréquence moyenne d'apparition des patrons en fonction de la tâche. Nous avons observé une plus grande utilisation des patrons pendant la période de maintien. De plus, nous avons observé une différence dans la fréquence d'apparition des patrons chez les 2 singes observés : un singe a montré une fréquence d'apparition des patrons plus soutenue que l'autre. Le singe présentant une fréquence d'apparition des patrons plus soutenue a de plus montré une plus grande dextérité à la tâche (caractérisée dans notre cas par un plus grand taux de réussite de la tâche) et une moyenne des MPI (Mean Percent Increase ; Cf. Chap 1 & 2) plus grande que l'autre singe.

4.2 Introduction

Nous étions au chapitre III face à un système de codage permettant d'augmenter la précision en décomposant le signal transmis en grandes et petites variations. Cela permettait ainsi d'augmenter la précision du signal transmis sans avoir à augmenter la précision du signal émis. Nous avons déja vu au chapitre précédent des indices caractérisant les grandes variations de l'activité EMG comme étant codées par la fréquence de décharge moyenne du neurone CM. Nous avions trouvé une relation entre la fréquence moyenne de décharge du neurone et les variations temporelles de l'activité musculaire avec un décalage pouvant atteindre quelques centaines de millisecondes. D'autres part, d'après nos premières analyses, nous avions trouvé une relation entre des petites variations de l'activité EMG et l'activité CM avec un décalage cette fois-ci de l'ordre de la dizaines de millisecondes. Ces petites variations étant néanmoins capables d'augmenter le niveau de performance dans la prédiction de l'activité EMG par le perceptron. Nous avions alors formulé l'hypothèse que les petites variations se sommaient aux grandes variations codées par la fréquence moyenne de décharge de l'activité CM afin de former la sortie générale de la fonction de transfert CM-muscle. La question naturelle était alors de se demander quel type de codage est utilisé pour coder les petites variations de l'activité musculaire ? Et par voie de conséquence, quel est le rapport éventuel entre les petites variations simulées avec le Perceptron et l'amplitude du PSF ?

Nous avions pu sélectionner seulement 6 cellules sur les 19 ayant servies à l'étude montrant un délai de la fréquence moyenne très supérieur - c.a.d. plusieurs centaines de millisecondes- comparé au délai de la transmission synaptique de l'ordre de la dizaine de millisecondes. La majorité des cellules montrent donc un délai de la fréquence moyenne bien inférieur. Si notre hypothèse est exacte, la fréquence moyenne code les grande variations de l'activité EMG, tandis que dans la fenêtre proche serait codé les petites variation de l'activité EMG. Or dans la majorité des cellules le délai est trop court pour faire la distinction entre une fenêtre éloignée et une fenêtre proche présentant 2 formes de codage différent de l'activité CM. De plus, considérant un codage d'un événement temporel, les périodes proches et éloignées sont toujours définies relativement à un instant donné. Ceci a pour conséquence qu'une période proche devient inéluctablement une période plus éloignée quelques instants après. Tout ceci impose de devoir combiner le codage des grandes variations et celui des petites variation de l'activité EMG, donc d'utiliser un code différent de la fréquence moyenne pour coder les petites variations. Nous faisons ainsi l'hypothèse que pour coder les petites variations de l'activité EMG, il faudrait prendre en compte non seulement le nombre de PAs mais aussi la position précise de ces PAs dans la fenêtre. C'est ce que nous appellerons dans la suite de cet exposé, "le codage temporel". Ainsi une même fréquence moyenne avec un arrangement différent des PAs à l'intérieur de la fenêtre de lecture aboutirait à un effêt différent. Nous nous proposons d'examiner ici les mécanismes de contrôle des petites variations de l'activité EMG. Les questions auxquels on tentera de répondre dans ce chapitre sont :

1. Comment évaluer l'amplitude des petites variations de l'activité EMG et quel rapport entre cette taille et le PSF ?

2. Quel est le codage utilisé par les cellules CM permettant de définir les petites variations de l'activité EMG ?

Nous faisons l'hypothèse qu'un effet PSF sur l'activité EMG permettrait après chaque PA de définir les variations fines de l'activité musculaire. A l'inverse du calcul effectué à l'aide de la technique de STA, il nous faut trouver un moyen de mesurer cet effet PSF après chaque PA. De plus, cette mesure doit également prendre en compte la compensation automatique du gain entre activité CM et EMG. Nous rappelons que la compensation automatique du gain a pour conséquence que toute mesure absolue du PSF entraine une augmentation du PSF avec l'intensité de l'activité EMG. On doit donc trouver une méthode de mesure relative. Nous décidons de calculer la pente de l'EMG autours de chaque PA plutôt qu'en moyenne sur un STA ; Cette méthode sera appellé le Post Spike Variation (PSV) en comparaison avec le Post Spike Facilitation (PSF). La pente correspond à l'activité moyenne EMG pendant 50 ms après un PA divisé par l'activité moyenne EMG pendant 50 ms avant le PA. Donc si notre hypothèse est exacte, c'est-à-dire que les variations fines de l'activité EMG sont contrôlées par un codage temporel de l'activité CM (lesquelles pourraient être mesurées par le PSV après chaque PA) nous devrions trouver des patrons temporels particuliers dans l'activité CM pour chaque niveau PSV. De plus, il est indispensable que la variation du PSV soit indépendante de la variation en fréquence de l'activité CM afin de pouvoir être combinée avec le codage des grandes variations de l'activité EMG. Et c'est seulement dans le cas où le codage temporel est séparable du codage en fréquence moyenne qu'il devient réellement possible d'augmenter la précision dans la prédiction de l'activité EMG. D'un point de vue plus général, de nombreux indices allant dans le sens de l'utilisation d'un codage temporel par les neurones corticaux ont déjà été trouvées (Furukawa et Middlebrooks, 2002 ; Prut et al., 1998a ; Riehle et al., 1997a). Et en particulier, de nombreuses preuves de l'émission de séquences précises de spikes (SPS) par les neurones corticaux (Fellous et al., 2004 ; Prut et al., 1998a ; Riehle et al., 1997a). Mais, jusqu'à présent, aucune relation n'avait été mise en évidence entre les caractéristiques temporelles des différents types de SPS produit avec différentes manifestations comportementales. Des relations entre la fréquence d'apparition des SPS avec différentes manifestations comportementales ont été trouvées quelles que soient leurs caractéristiques temporelles (Prut et al., 1998a ; Riehle et al., 1997a). Or, il serait intéressant de savoir si les différentes caractéristiques temporelles des SPS sont exploitées par les neurones corticaux, afin de coder des grandeurs différentes. Autrement dit, est-ce que les différents SPS observés sont associés à différentes manifestations comportementales ? Les manifestations comporte-mentales observées dans ce chapitre seront liées à la force produite par le singe lors de la tâche comportementale de prise de précision entre le pouce et l'in-dex avec un contrôle précis de la force. Dans ce contexte, nous souhaiterions comprendre comment les différentes caractéristiques temporelles des SPS sont organisées en fonction des grandeurs codées. C'est donc à ces deux questions que nous souhaiterions répondre maintenant.

4.3   Indépendance entre la fréquence et l'amplitude du PSV

Nous avons examiné les corrélations possibles entre les fréquences moyennes de l'activité CM (calculées dans l'ensemble de la fenêtre de taille optimale) et l'amplitude du PSV calculée avec l'activité EMG du muscle cible. Pour l'exemple présenté en figure 4.1 obtenu à partir de l'activité d'un neurone CM pour la fréquence et l'activité EMG biologique pour le PSV, on trouve un coefficient de corrélation de R=0,0001. Pour l'exemple présenté en figure 4.2 obtenu à partir de l'activité d'un neurone CM et l'activité EMG prédite par le TDMLP, on trouve un coefficient de corrélation de R=0,037. Des coefficients de corrélation très faibles sont également trouvés dans les cas où la fréquence moyenne est calculée dans les sous fenêtres de 50ms avant l'instant t (Cf. annexe 3). Nous n'avons trouvé aucune correlation pour aucune des sous-fenêtres dans l'ensemble des cellules CM testées.

De ces résultats, nous concluons que le PSV est indépendant de la fréquence moyenne. Bien que les PSV produits par le TDMLP soient moins dispersés autour de la moyenne que dans l'équivalent biologique on ne trouve pas non plus de corrélation avec la fréquence moyenne. Il semblerait que les points les plus éloignés de la moyenne sont supprimés par le TDMLP. Si on continue l'observation des figures 24 et 25 on constate que pour chaque bande de fréquence, une large gamme de PSV est mesurée dans l'activité EMG. Et ceci vaut également pour le TDMLP. Or le TDMLP ne dispose que de l'information CM qui lui est présentée en entrée pour moduler le PSV. Donc l'amplitude du PSV dépend bien de l'activité du neurone CM même si la plus grande amplitude observée dans le phénomène biologique témoigne de l'intervention d'autres populations de neurones pré-moteurs. Donc ce codage existerait et serait indépendant de la

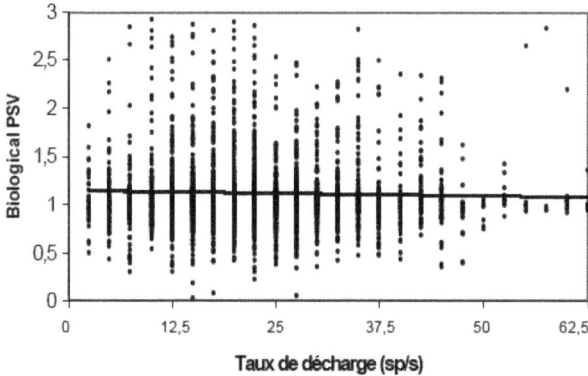

FIGURE 4.1: Relation entre le PSV mesuré sur l'EMG biologique pour un neurone et la fréquence moyenne (le taux de décharge en PAs par seconde : sp/s) de l'activité CM dans la fenêtre de taille optimale pour les performances du TDMLP. Exemple enregistré chez le singe 1. Chaque point correspond à un PA, pour chaque PA est calculé le PSV biologique et le taux de décharge moyen du train de PA biologique dans la fenêtre d'entrée.

fréquence.

4.4 Recherche de la période en relation avec le PSV

4.4.1 Introduction et méthodes

Nous souhaitons maintenant savoir où s'exerce le codage temporel permettant de définir le PSV dans la fenêtre d'entrée ? Il parait plausible que des trains de PAs spécifiques soient associés à des niveaux de PSV particuliers. Si cette hypothèse est exacte, les trains de PAs permettant de définir des niveaux de PSV similaires devraient se ressembler davantage que ceux définissant n'importe quel autre niveau de PSV. Et cette ressemblance devrait être d'autant plus forte que le train de PAs est sélectionné dans une sous fenêtre codant pour

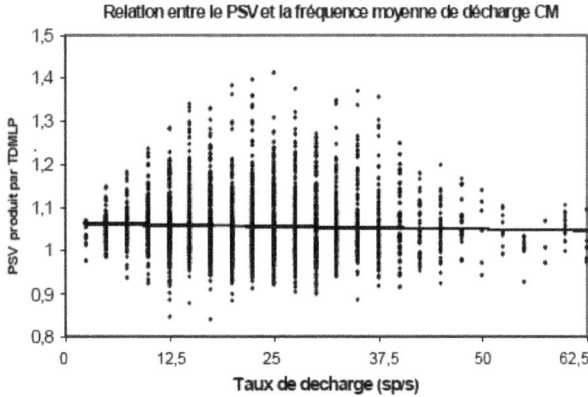

FIGURE 4.2: L'EMG produit par le TDMLP nous a permis ici de mesurer après chaque PA un PSV et de le mettre en relation avec le nombre de PA présents dans la fenêtre d'entrée. Chaque point correspond à un PA, pour chaque PA est calculé le PSV obtenu par le TDMLP et le taux de décharge moyen du train de PA biologique.

le PSV. Pour cela, nous avons défini jusqu'à 4 niveaux de PSV. La limite de ces niveaux dépend de la quantité de données disponibles afin de définir dans la mesure du possible des niveaux possédant des nombres de spikes trigger voisins. Nous avons néanmoins toujours défini 4 niveaux : 2 de décroissance, forte et modérée, et 2 de croissance, forte et modérée. Le PSV étant la pente de l'EMG centrée sur un spike, une valeur de 1 du PSV correspond à une variation nulle de l'EMG[1]. Par exemple une décroissance forte pour un PSV compris entre 0 et 0,8, une décroissante modérée entre 0,8 et 1, une croissance modérée entre 1 et 1,2 et à partir de 1,2 et au-delà une croissance forte. Il existe un délai de transmission d'un PA entre l'émission par la cellule CM et l'effet PSF sur le muscle. Ce délai est de l'ordre de la dizaine de ms. Donc, les PAs situés plus de 40ms après le spike trigger ne peuvent plus influencer les 50 ms d'EMG moyennées

---

1. La pente est la valeur moyenne de l'EMG 50ms après un PA divisé par la valeur moyenne de l'EMG pendant 50ms avant le PA. Si l'EMG ne varie pas (variation nulle), le PSV divise la moyenne de 2 valeurs identiques, la pente est donc égale à 1.

après le trigger servant au calcul du PSV. Mais ceux placés avant cette limite le peuvent encore. Pendant cette période, il sera possible d'y trouver un pattern de PAs, spécifique des niveaux d'activité PSV. Donc le train de PAs attribué au PSV du spike trigger s'arrêtera donc au maximum 40ms après le trigger et aura la taille optimale pour les performances du TDMLP. Pour notre analyse, nous avons donc calculé la similarité entre les trains de PAs dont le spike trigger est attribué à un PSV de même niveau. Afin de trouver la zone de la fenêtre la plus corrélable avec l'amplitude du PSV, nous avons découpé la fenêtre en 5 sous fenêtres de tailles équivalentes. Puis nous avons comparé les similarités entre les patterns impliqués dans des PSV de niveaux identiques avec le degré de similarité global de l'ensemble de la population. De façon à ne pas fausser les résultats, les spikes triggers ont été systématiquement supprimés des calculs de similarité. En effet, les fenêtres étant alignées par rapport à ce spike trigger, le fait d'avoir systématiquement un PA à cet endroit augmenterait artificiellement le niveau de similarité des trains de PAs dans la sous fenêtre le contenant.

Comment est calculée la similarité ? La similarité est calculée 2 par 2 entre tous les trains de PAs d'un ensemble. Le calcul de similarité est en fait le produit scalaire de 2 vecteurs « train de PAs » de tailles identiques (Schreiber et al., 2003). Ce calcul étant commutatif nous obtenons une matrice symétrique qui est le résultat pour l'ensemble des vecteurs trains de PAs où toutes les combinaisons de 2 vecteurs ont été calculées. Le degré de similarité d'une population de trains de PAs est en fait la moyenne de cette matrice. Chaque produit scalaire donnant une valeur comprise entre 0 et 1, le degré de similarité est également compris entre 0 et 1. Une valeur de 0 signifie que les trains de PAs ne possèdent aucun point commun. Par contre une similarité de 1 signifie que les trains de PAs utilisés pour les calculs sont tous identiques (Fellous et al., 2004). Aucun traitement préalable n'est opéré sur les trains de PAs avant de calculer la similarité. Le calcul de similarité revient ainsi à compter le nombre de PAs bien placés, c'est-à-dire situé au même endroit dans les 2 trains de PAs comparés, divisé par le nombre total de PAs. Certaines méthodes de calcul de similarité réalisent un prétraitement des trains de PAs afin de placer une courbe gaussienne à l'emplacement de chaque PA. Afin non seulement de compter les PAs bien placés mais de plus, donner des points supplémentaires décroissants à mesure que les PAs s'éloignent de la bonne position. Dans nos calculs, la précision temporelle du train de PAs a été ramenée à ś2ms et cette précision relativement faible, ne nécessite pas en plus l'utilisation d'une gaussienne favorisant les PAs mal placés mais proches.

4.4.2 Résultats

Nous voyons sur la figure 4.3 un exemple de similarités calculées dans les 5 sous-fenêtres pour un couple neurone/muscle. Les similarités observées vont de 9.5 à 25.3% (N=45). Première constatation : pour 37/45 cellules (82%), le degré de similarité augmente soudainement dès que les sous fenêtres se trouvent à moins de 50ms du spike trigger. En effet, les degrés de similarités des sous fenêtres plus éloignées diffèrent peu et ont de plus une similarité plus faible que les sous fenêtres proches. Par ailleurs, le niveau de similarité entre les trains sélectionnés et la population totale n'est pas significativement différente dans le cas des sous fenêtres les plus éloignés du spike trigger. Par contre, pour la sous fenêtre entourant le spike trigger le niveau de similarité lorsqu'on regroupe les trains en fonction du niveau de PSV obtenu est la plus haute et son niveau de similarité est le plus élevé de tous. Cela a été le cas pour 28/45 (62%) cellules. (test t cellule par cellule, p<0.01 et semble donc significatif). Cela suggère que des patrons temporels peuvent être générés par ces 28 neurones dans la petite fenêtre autours du spike strigger. Toutefois, alors que 72% (18/24) des neurones enregistrés du singe 1 ont montré ces différences significatives, cela n'a été le cas que pour 45% (10/21) des neurones du singe 2.

La figure 4.4 montre pour l'ensemble des 24 couples neurones/muscles calculés pour le singe 1, l'augmentation de la similarité entre la sous-fenêtre située autours du spike trigger et la première sous fenêtre adjacente, sur l'axe des abscisses, l'augmentation de la similarité lorsque les trains de PAs sont regroupés en

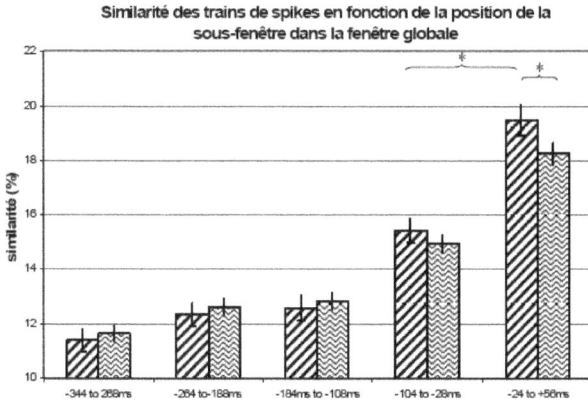

FIGURE 4.3: Similarité des trains de PAs pour 5 sous-fenêtres.

Soit les trains sont regroupés en fonction du niveau de PSV produit (barres achurées) soit il s'agit du niveau de similarité de l'ensemble des trains de PAs (barres décorées de vaguelettes). Le niveau de similarité de l'ensemble des trains de PAs n'est pas différent du niveau de similarité des trains de PAs sélectionnés en fonction de l'amplitude du PSV, sauf dans la fenêtre [-24ms ;+56ms] où il est plus petit.

fonction du niveau de PSV par rapport à la valeur calculée pour l'ensemble des trains de PAs. Nous observons que tous les couples sauf 3 présentent une augmentation de la similarité lorsqu'on regroupe les trains en fonction des niveaux du PSV. Pour la majorité d'entre eux cette augmentation est significative : 16 augmentations significatives contre 5 dont l'augmentation est visible mais non significative et 3 pour lesquels il y a diminution mais très proche de 0 et donc peu significative. L'augmentation dans la sous fenêtre contenant le spike trigger par rapport à la première sous fenêtre adjacente est généralement nettement plus importante que la précédente et est significative pour tous les couples sauf pour 2 qui présentent une augmentation très faible.

Pour résumer, nous obtenons effectivement une augmentation de la similarité des trains de PAs dans la sous fenêtre à plus court terme par rapport au spike trigger. Et cette augmentation est d'autant plus importante que la similarité

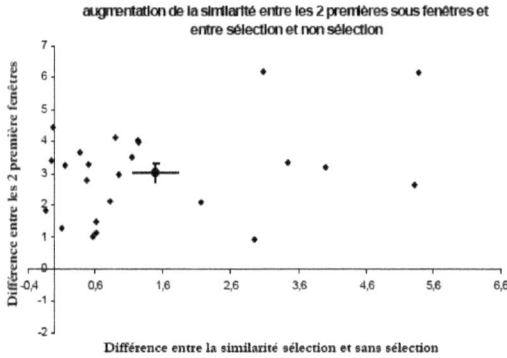

FIGURE 4.4: Augmentation de la similarité entre les 2 premières sous fenêtre en fonction de l'augmentation de la similarité entre sélection et non-sélection.

La similarité des trains de PAs augmente lorsqu'ils se trouvent autours du trigger spike et lorsqu'ils sont regroupés en fonction du PSV obtenu.

est calculée entre des trains de PAs associés aux mêmes niveaux de PSV. En ce qui concerne la diminution de la similarité à mesure que l'on s'éloigne du spike trigger, nous pensons qu'elle résulterait d'une cumulation des imprécisions dans l'émission de chaque PA par le neurone CM. Ce serait d'ailleurs la raison pour laquelle dans le système CM on observerait un codage temporel à court terme et un codage en fréquence à long terme. Les imprécisions cumulées des intervalles entre les PAs rendant impossible tout codage temporel précis sur un délai à long terme. Ce qui ne serait donc possible qu'à court terme, c'est-à-dire dans une fenêtre de 100 ms soit 50 ms maximum autours du spike trigger. Par précaution, dans ces fenêtres nous avons de nouveau testé la relation PSV/fréquence. Bien que la relation entre fréquence et PSV s'avère plus forte dans la région à court terme (autours du spike trigger) que dans les autres régions examinées dans la section 17, avec un R$\approx$0,3, cette relation reste néanmoins très faible. Nous devons donc continuer notre recherche d'un codage temporel en essayant de caractériser les patterns temporels associés aux niveaux PSV.

4.5 Caractérisation du codage temporel

4.5.1 Introduction

C'est la position relative des PAs les uns par rapport aux autres qui est importante pour définir un code temporel par PA. Le codage temporel implique des positions relatives précises des PAs les uns par rapport aux autres alors qu'un codage en fréquence moyenne relève d'une relative imprécision du timing précis de décharge. Nous admettons donc que le codage temporel peut être assimilé à une série de modulations de la fréquence instantanée PA par PAs, puisque dans ce dernier cas la position de chaque PA dans la fenêtre est prise en compte. Par conséquent, autour de chaque PA définissant des PSV de tailles similaires, on devrait retrouver des positions temporelles occupées par les autres PAs environnant caractéristiques de ce niveau de PSV, autrement dit, des séquences précises de trains de potentiels d'actions. Pour préciser le codage temporel dans la période à court terme autour du spike trigger, nous allons utiliser 2 techniques classiques en neurosciences : l'autocorrélogramme (AC) et l'histogramme des intervalles inter-spikes (ISI). De plus, nous avons utilisé une méthode de visualisation de l'activité binaire du neurone sur un graphique à 2 dimensions, c'est le graphe d'activité neuronal (GAN). Nous y reviendrons un peu plus tard dans ce chapitre avec des exemples de GAN pour l'activité biologique des neurones CM et de façon très détaillée et modélisée en annexe.

4.5.2 Les autocorrélogrammes

Les activités des neurones CM sont découpées en un ensemble de trains de PAs de 100 ms avec toujours le spike trigger en position centrale. L'ensemble des fenêtres de 100 ms avec un PA central est ce qu'on appelle le « raster plot ». La somme de toutes ces fenêtres dans un histogramme donne ce qu'on appelle un autocorrélogramme. Le tri des fenêtres de 100 ms en fonction du PSV de leur spike trigger permet d'obtenir des autocorrélogrammes partiels (ACp) pour chacun des 4 niveaux. Les niveaux PSV étant connexes, un train de PAs appartient forcément à un niveau ou un autre. En réalisant la somme des 4 ACp on retrouve ainsi l'AC complet et normal du neurone. Un AC exprime l'évolution de la probabilité d'émission d'un PA au cours du temps sur 50ms du chaque côté du spike trigger. Les ACp correspondent à l'AC mais sont relatives à un niveau de PSV donné. Nous voyons sur la figure 4.5 les AC et ACp de l'activité d'un neurone CM. Les ACp montrés sont ceux des 2 niveaux extrêmes de PSV : croissant fortement (PSV>1,4) et décroissant fortement (PSV<0,8). Première constatation, l'AC sont symétriques alors que les ACp ne le sont pas. L'AC est parfaitement symétriques, du fait que chaque PA devient à tour de rôle un spike trigger, les intervalles "avant" passent "après" de façon systématique, créant cette symétrie. Ce n'est par contre pas le cas des ACp qui ne prennent qu'une partie seulement des trains de PAs du raster plot. Nous avons vu dans le § du présent chapitre (Recherche de la période en relation avec le PSV) que la similarité des trains de PAs augmentait presque toujours si on les regroupait en fonction du niveau PSV produit. Cela signifie qu'ils présentent d'avantage de PAs situés aux mêmes positions temporelles lorsqu'il y a production d'un PSV de taille similaire. Ces positions temporelles similaires surreprésentées devraient donc ressortir dans les ACp par rapport à l'AC d'un neurone donné. Ceci est particulièrement visible lorsqu'on observe la figure 4.5C (PSV>1,4) qui possède de nombreux pics francs par rapport à l'AC classique sans sélection en figure 4.5A. C'est également le cas, mais moins nettement pour la figure 4.5B (PSV<0,8) qui possède pourtant un niveau de similarité très légèrement supérieur à celui de C.

Lorsqu'on compare maintenant les ACp entre eux, on constate immédiatement une différence frappante. Les premiers pics autour du spike trigger sont plus distant dans le cas d'un PSV décroissant que dans le cas d'un PSV croissant. Ce qui correspond à une fréquence instantanée autours du spike trigger plus faible pour un PSV décroissant que pour un PSV croissant. Et ceci a été vérifié pour tous les couples CM/muscle analysés. Pour mieux visualiser cette différence, nous avons mesuré la période entre le spike trigger et les premiers pics avant et après. Nous avons trouvé en moyenne pour les PSV fortement croissants

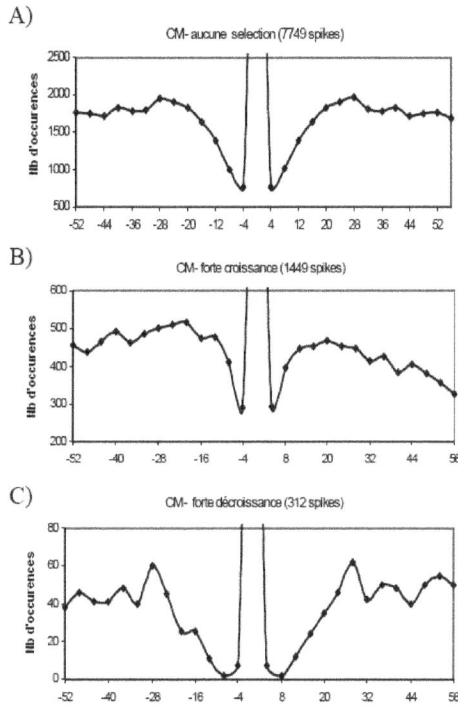

FIGURE 4.5: Les autocorrellogrammes de l'activité d'un neurone CM.

A) AC de l'ensemble de l'activité du neurone CM.
B) ACp pour un PSV croissant fortement (PSV>1.4)
C) ACp pour un PSV décroissant fortement (PSV<0,8).

un premier pic situé à -23ms et +26ms. Et pour les PSV fortement décroissant
un premier pic situé en moyenne pour la population à -43ms et +33ms. Nous
constatons donc également une dissymétrie temporelle dans les temps moyens
du premier pic autour du spike trigger. C'est-à-dire que le pic le plus proche du
spike trigger est situé avant pour la croissance forte du PSV et après pour la
décroissance forte. Donc curieusement, en moyenne les 2 fréquences instantané
autours du spike trigger auraient tendance à diminuer dans le cas de la décroissance forte et à augmenter dans le cas de la décroissance forte. Il est néanmoins
intéressant de constater que cette dissymétrie est de sens opposé entre les trains
de PAs associés à des variations opposées du PSV. Mais nous reviendrons plus
tard sur ces points. On peut également constater une seconde forme de dissymétrie dans les ACp : en plus de ne pas être placé à la même position temporelle
avant et après le spike trigger, le premier pic n'a pas la même hauteur (la même
probabilité) avant et après. Si on ne considère que la position du pic le plus
probable des deux on obtient une position de -25ms pour les PSV décroissant et
de +15ms pour les croissances fortes. Non seulement la valeur absolue est plus
grande pour les décroissances forte par rapport aux croissances, mais les signes
sont opposés. Le pic le plus probable pour les croissances fortes est plus souvent
placé après le spike trigger tandis qu'il est placé à une latence plus grande et
généralement avant pour les décroissances. Il ne s'agit pas d'une règle absolue car dans de nombreux cas le pic le plus probable était placé après le spike
trigger pour les décroissances et avant pour les croissances. Ce que nous avons
par contre systématiquement constaté est cette opposition entre croissance et
décroissance : si le pic le plus probable est placé avant pour les décroissances il
sera placé après pour les croissances et inversement. Nous constatons donc pour
l'instant avec cette première analyse par AC que le codage temporel utilisé par
les cellules CM est cohérent. Des caractéristiques opposées dans le signal EMG
comme des PSV croissants et décroissants sont associés à des caractéristiques
temporelles opposées (signes des pics de plus grande probabilité d'émission) de
l'activité CM. Cela conforte l'hypothèse du possible codage temporel de l'activité EMG par les neurones CM. Complétons notre analyse de l'activité CM par

AC en examinant les intervalles inter-spikes.

4.5.3 Les intervalles inter-spikes

Les histogrammes des intervalles inter-spikes (ISI) permettent de visualiser l'ensemble des intervalles de temps entre les PAs dans une fenêtre donnée. Le problème est que l'on perd l'ordre des ISI et donc une partie de l'information temporelle présente dans le train de PAs analysé. La figure 4.6 nous montre un exemple d'histogrammes ISI obtenu pour une cellule CM. En A) nous avons l'ISI de l'ensemble de l'activité de ce neurone. Et en B) et C) nous avons les ISI de l'activité de ce même neurone CM impliqué respectivement dans des croissances fortes et décroissances fortes. L'exemple montré est représentatif de ce que nous avons obtenu dans la population. Nous avons généralement obtenu des ISI légèrement plus petits, en moyenne, pour des trains de PAs impliqués dans des croissances fortes, par rapport à l'ISI moyen obtenu pour les décroissances. La moyenne générale à travers l'ensemble des cellules CM calculées est de 26,3ms pour les décroissances contre 24ms pour les croissances. Ce résultat est à mettre en parallèle avec notre observation précédente sur les autocorrélogrammes qui présentait un premier pic plus rapproché pour les croissances que pour les décroissances. Nous pensons que l'observation des ISI moyens plus petits pour les croissances que pour les décroissances, en est la conséquence.

4.5.4 Les graphes de l'activité neuronale

Avec les graphes de l'activité neuronale (GAN), nous cherchons à visualiser l'activité d'un neurone sur plusieurs dimensions. L'activité binaire du neurone CM fait cohabiter plusieurs codages : un codage en fréquence et un codage temporel. Ces deux codages montrent une certaine indépendance et peuvent donc être représentés comme orthogonaux. Nous souhaitons donc visualiser l'activité du neurone CM suivant deux axes représentant chacun un codage : la fréquence et le temporel. Pour la fréquence, c'est le nombre de PAs présents dans la fenêtre d'entrée du TDMLP. Par contre, en ce qui concerne le codage temporel des neu-

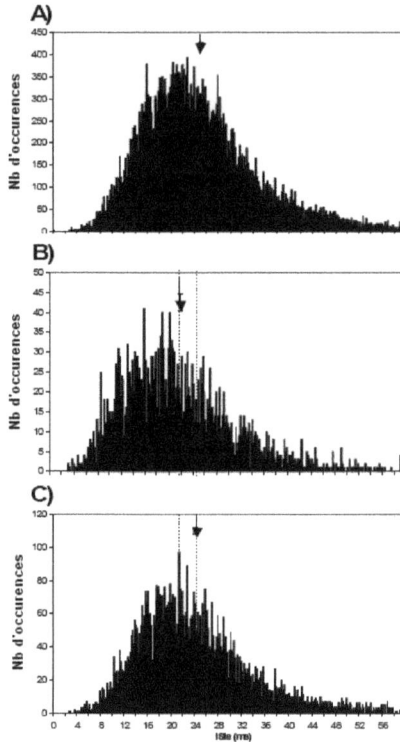

FIGURE 4.6: Exemples d'histogrammes ISI pour une cellule CM donnée.

A) ISI complet de l'ensemble de l'activité CM
B) ISI des trains de PAs associés à des croisssances fortes du PSV
C) ISI des trains associés à des décroissances fortes du PS.
Les flèches indiquent la position de la moyenne. On observe que la moyenne se déplace entre le cas où les trains sont associées à des PSV fortement croissant et le cas où les trains de PAs sont associés à des décroissances fortes.

rones CM, à ce stade, il n'est pas encore complètement caractérisé. Nous savons néanmoins que, contrairement à la fréquence moyenne ou la position relative des PAs ne compte pas, nous devons ici, au contraire, attribuer une valeur à chaque pattern différent produit dans une fréquence donnée. En effet pour chaque fréquence moyenne plusieurs combinaisons des PAs sont possibles. L'une des façons les plus simples d'assigner une valeur à chaque combinaison est de calculer le barycentre du pattern binaire formé dans la fenêtre d'entrée, c'est-à-dire la position moyenne des PAs dans la fenêtre. Le calcul de cette position moyenne ainsi que d'autres modes de représentation du train de PAs sur l'axe temporel avec les avantages et les inconvénients de chacun sont détaillés dans le chapitre V (TempUnit) ainsi qu'en annexe V. En effet, bien que la technique utilisée soit facile à mettre en oeuvre, elle possède l'inconvénient majeur de ne pas bien séparer toutes les combinaisons. Néanmoins, chaque train de PA d'une durée de 100 ms avec le PA trigger en position centrale, a des coordonnées en fréquence et en temporel sur le graphe. Afin de mieux visualiser les régions en fonction de la densité de points, nous avons choisi de le représenter par un graphique de surface 2D ou autrement appelé graphique à courbes de niveaux. Sur la figure 4.7, les niveaux de gris les plus sombres représentent les coordonnées avec le plus de patterns de PAs. En A) ne sont représentés que les trains impliqués dans des PSV fortement décroissants et en B) les trains des PSV fortement croissants. Nous constatons immédiatement une asymétrie des images A) et B) que nous pouvons mettre en relation avec l'asymétrie préalablement constaté sur les ACp. Par contre ce qui peut être constaté sur les GAN et qu'on ne pouvait pas voir sur les ACp est la gamme de fréquence moyenne majoritairement utilisée par le neurone pour réaliser des PSV différents. Nous remarquons donc que pour ce neurone la gamme de fréquence utilisée est la même qu'il s'agisse d'un PSV croissant ou décroissant. Et que la seule différence se situe au niveau temporel et c'est la raison pour laquelle nous observions pour chaque fréquence moyenne plusieurs gammes de PSV à la fois croissant ou décroissant. Une fois de plus ici, nous avons confirmation que ce qui permet de différencier les PSV au niveau du codage CM ne se situe pas au niveau de la fréquence moyenne mais au niveau

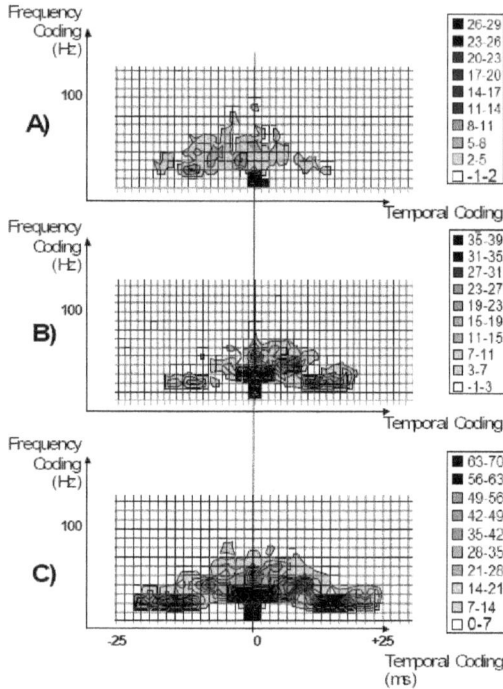

FIGURE 4.7: Graphiques de l'activité neuronale.

Le code couleur indique le nombre de patron de PAs trouvés à une même coordonnée donnée.
A) les trains de PAs associés à des décroissances fortes de l'EMG
B) les trains associés à des croissances fortes.
C) l'ensemble des trains de PAs du raster plot.

temporel. De plus, les activités CM temporelles sont clairement séparables sur le graphe de l'activité neuronale et permettent bien de définir des PSV différents.

Toute la population CM présente une asymétrie comme celle que l'on voit sur l'exemple de la figure 4.7. Par contre, les trains de PAs pour les PSV croissants et décroissants n'utilisent pas toujours exactement la même gamme de fréquence : ils ont toujours une gamme de fréquence en commun mais les limites inférieures et supérieures peuvent être différentes. Dans la plupart des cas, si la limite inférieure est généralement la même, la limite supérieure des trains de PAs à PSV croissant est plus élevée que celle des trains de PAs à PSV décroissants ; ceci peut être relié au fait que le 1er intervalle autour du spike trigger est systématiquement plus petit dans les trains de PAs impliqués dans les PSV croissant que ceux décroissants. Un petit intervalle donne ensuite plus de temps au neurone pour placer plus de PAs dans la fenêtre de 100ms qu'un premier intervalle plus grand. D'où une limite supérieure souvant plus élevée. Une telle disposition pourrait être également la conséquence de la distribution des PSV dans la gamme d'activité de l'EMG : s'il est possible de trouver des PSV de toutes amplitudes quelque celle de l'EMG, il ne devrait pas y avoir de différence dans la gamme de fréquence utilisée par les trains de PAs à PSV croissants et décroissants, étant donné que la fréquence moyenne est en relation avec l'amplitude de l'EMG. Mais il ne s'agit pour l'instant que d'une simple hypothèse et des investigations plus poussées seraient nécessaires afin de la vérifier.

4.5.5 Conclusions

Nous avons pu caractériser les trains de PAs autour du spike trigger. Nous avons pu constater que les caractéristiques temporelles de ces trains de PAs variaient en fonction du niveau de PSV autours du spike trigger. De plus, nous avons constaté que ces modifications temporelles du train de PAs peuvent tout à fait constituer un codage. En effet, afin que les modifications temporelles de l'activité CM constituent un codage, il est nécessaire que des niveaux PSV différents dans l'activité EMG soit représentées par des caractéristiques temporelles différentes de l'activité CM. Et c'est bien ce que nous avons pu constater : les PSV croissants et décroissants étaient bien représentés par une caractéristique temporelle de l'activité CM clairement différentes et donc séparables. Cette notion de séparabilité, indispensable pour former un codage, est de plus associée à une colinéarité des représentations. Sans entrer dans les détails nous avons tout de même constaté que des caractéristiques opposées de PSV étaient codées par des caractéristiques temporelles de l'activité CM également opposées. Ceci permet une cohérence entre les grandeurs représentées dans l'activité CM et les activités EMG et doit simplifier le codage et le décodage(hypothèse à vérifier). Nous avons pu dans cette section obtenir quelques caractéristiques du codage temporel de l'activité PSV par les neurones CM. Maintenant, nous souhaitons donc trouver les patterns temporels CM permettant de définir les différents niveaux PSV.

4.6   Recherche des SPS dans l'activité CM

4.6.1   Définition d'un SPS

Notre définition de SPS (Sequence Précise de Spikes) se rapproche de celle de Abeles avec ses "Synfire Chain" (Abeles, 1991) puisque nous définissons une séquence précise de potentiels d'actions par une suite de positions temporelle devant être occupée par des potentiels d'actions. Cette séquence de spike peut être complète si l'ensemble des positions est occupée par un PA, de fréquence inférieure s'il manque 1 ou plusieurs spike. Un SPS peut également être "pollué" par la présence de PA surnuméraires à d'autres positions que celles définies dans la SPS. Ces positions particulières présenteraient donc des probabilités de présence d'un PA supérieures à la moyenne. Ce qui se manifesterait sur un autocorrélogramme par la présence de pics supplémentaires.

4.6.2   Détection des patterns de spikes

Nous savons que les caractéristiques temporelles des trains de PAs CM se modifient de façon à suivre les variations de l'activité EMG post-spike. Nous faisons l'hypothèse que les variations temporelles de l'activité CM se traduisent par l'émission de séquences précises de spikes : des patterns. Il faut donc maintenant détecter ces patterns dans l'activité CM. Si ces patterns existent la probabilité

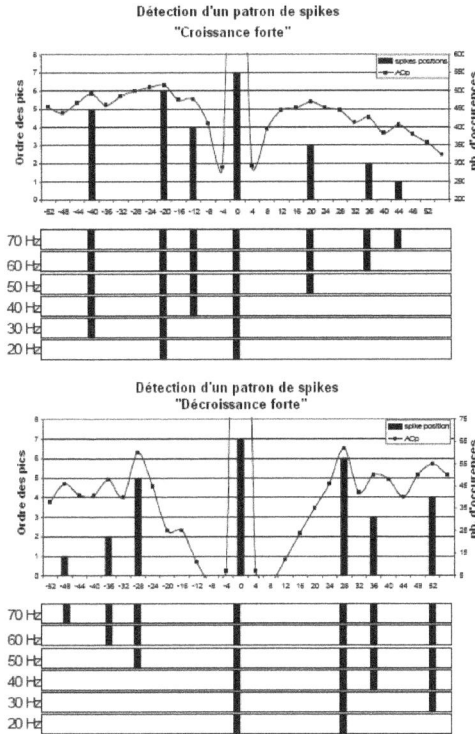

FIGURE 4.8: Détection des patterns de PAs à l'aide des ACp.

En haut : les patterns correspondant aux croissances fortes
En bas : les patterns associés aux décroissances fortes.

de trouver des spikes aux positions temporelles précises correspondant au pattern doit être élevée. Nous devrions donc pouvoir détecter ces patterns sur les ACp en utilisant la position des pics.

De plus, puisque nous savons que ce codage temporel est indépendant de la fréquence moyenne, donc du nombre de PAs qui compose le pattern, nous devons trouver un pattern pour chaque fréquence moyenne. Nous saurons ainsi comment avec des fréquences moyennes similaires, le neurone CM code différentes valeurs temporelles lui permettant ainsi de moduler le PSV. Mais comment trouver les différents trains de PAs à l'origine des différents patterns à l'aide des ACp ? Nous savons que la hauteur d'un pic représente la probabilité de présence d'un spike à une position donnée. On aura dès les fréquences les plus basses davantage de chance de trouver un spike à cette position qu'aux autres positions repérées par des pics plus bas. L'élimination des spikes les moins probables permettrait de faire baisser la fréquence. Nous nous sommes donc servis de cette heuristique pour déterminer des patterns de PAs pour différentes fréquences moyennes. Sur la figure 4.8, les ACp déjà présentés en figure 4.5 ont été utilisés pour déterminer les patterns temporels. En haut de la figure 4.8, l'ACp correspond aux trains de PAs impliqués dans les croissances fortes du PSV. En bas de la figure, l'ACp est formé uniquement à partir des trains de PAs impliqués dans les décroissances fortes du PSV. La position des pics est repérée par un graphique à barres. Les barres sont de taille différente de façon à suivre la hauteur des pics les uns par rapport aux autres. Avec les barres classées suivant l'amplitude nous pouvons définir des patterns de fréquence croissante en plaçant dans les fréquences les plus basses les barres les plus hautes. Le principe est d'augmenter la fréquence du pattern en adjoignant au fur et à mesure les barres de taille inférieure suivant leur ordre de taille décroissant. On obtient ainsi un ensemble de patterns temporels synthétiques en fonction de la fréquence, que nous pourrons par la suite comparer avec les trains de PAs biologiques en accord avec notre définition section 4.6.1.

4.6.3   Limites et significativité des patterns trouvés

Ayant déterminé des patterns, nous souhaitons savoir si la méthode utilisée est valable. Il existe de nombreuses limitations liées à l'utilisation de la méthode des ACp pour détecter des patterns de PAs. Les patterns détectés sont-ils réellement émis dans l'activité des neurones CM ou s'agit-il d'un artéfact ? Quelle est la relation entre le raster plot et l'AC ? Il n'y a aucune garantie de dépendance entre les différents pics trouvés mais seulement une dépendance entre le pic du spike trigger et les autres. Autrement dit l'information sur l'ordre des spikes est perdue. C'est-à-dire qu'un AC possédant 2 pics, en dehors du pic du spike trigger, ne permet pas de savoir si l'activité du neurone a émis deux spikes successif ou si, au contraire, ces 2 pics ne résultent jamais de l'émission séquentielle de 2 spikes. Par contre, ce que nous pouvons dire c'est que le pattern contient 2 positions importantes repérées par ces 2 pics. Nous ne pouvons donc pas affirmer avec certitude que les patterns trouvés passent exactement par toutes les positions du pattern synthétique en fonction des fréquences mais nous pouvons affirmer que les patterns biologiques utilisent au moins une ou plusieurs de ces positions privilégiées détectées à l'aide des ACp afin de définir leur codage temporel. Pour vérifier notre affirmation, calculons le degré de similarité de notre ensemble de patterns synthétiques avec la population de trains de spike biologique. Nous comparerons ce degré de similarité avec d'autres types de patterns synthétiques pouvant être également extraits des ACp. Les patterns synthétiques, obtenus par la méthode explicitée dans le paragraphe précédent (Cf. Détection des patterns de PAs), suivant l'ordre déterminé par l'amplitude des pics seront appellés "pattern ordre". Nous pouvons ensuite obtenir un ensemble de patterns synthétique correspondant à l'ordre inverse de celui utilisé précédemment. Si la différence de taille entre les pics est significative, la différence de similarité entre chacun de ces deux ensembles de patterns synthétiques et le train de PAs biologique devrait être significativement différente, de plus, la similarité de l'ensemble « ordre » devrait être supérieure avec celle de l'ensemble « ordre inverse ». Autre problème crucial : les pics en nombre plus important dans les ACp par rapport aux AC pourraient n'être que le résultat d'un bruit plus important dans les ACp par rapport aux AC. Pour le savoir, nous devons déterminer si la différence de taille entre, le haut des pics et le bas des creux, est significative. Pour cela, nous avons réalisé un autre ensemble de patterns synthétiques « creux » : la position des spikes est alors déterminée par la position des creux entre les pics suivant un ordre de taille. La différence de similarité de l'ensemble « ordre » ou « ordre inverse » avec la similarité de l'ensemble « creux » avec les trains de PAs biologique devrait être significative. Et ceci, permettrait d'affirmer que les pics ne sont pas le résultat d'un simple bruit causé par la variabilité aléatoire des trains de PAs ou une activité stochastique imprécise calée sur la fréquence moyenne, mais bel et bien une activité temporelle assez précise (au moins 4ms de précision) et relativement déterministe. La figure 4.9 montre, dans la partie haute comment l'ensemble, des patterns synthétiques « ordre », a été formé. Dans la partie basse nous voyons la similarité des différents patterns synthétiques détectés avec les trains de PAs biologiques. La similarité de chaque pattern synthétique a été calculée avec les trains de PAs utilisés pour construire l'ACp dont il est issu.

Les résultats obtenus vont dans le bon sens puisque sur l'ensemble des cellules CM calculées nous obtenons toujours une similarité des patterns synthétique « ordre » plus grande que les similarités des 2 autres ensembles de patterns synthétiques, "inverse" et "creux". Cela nous donne donc des arguments supplémentaires nous permettant de justifier la méthode utilisée pour définir les patterns par détermination des pics sur un ACp. Nous souhaitons par contre aller encore plus loin en cherchant à valider les patterns synthétiques trouvés en regardant l'activité PSV qui leur est associée.

4.6.4   Validation des patterns synthétiques

Maintenant que nous avons identifié différents patterns synthétiques, pour différentes fréquences moyennes, nous souhaitons les tester afin de vérifier si effectivement ces patterns existent bien dans l'activité CM et s'ils sont bien associés aux différents niveaux de PSV. Pour cela nous allons utiliser deux méthodes. La première méthode consiste à utiliser les TDMLP sur les données d'entrée/sortie, activité CM/activité EMG. L'avantage du TDMLP est qu'après approximation de la fonction de transfert existant entre l'activité CM et EMG, il est possible de créer des activités d'entrées binaires afin de voir la réponse EMG calculée par le TDMLP. Nous avons utilisé les ensembles de patterns synthétiques « ordre » et « ordre inverse » pour simuler les TDMLP préalablement entraînés sur les données biologiques. À partir des patterns synthétiques nous

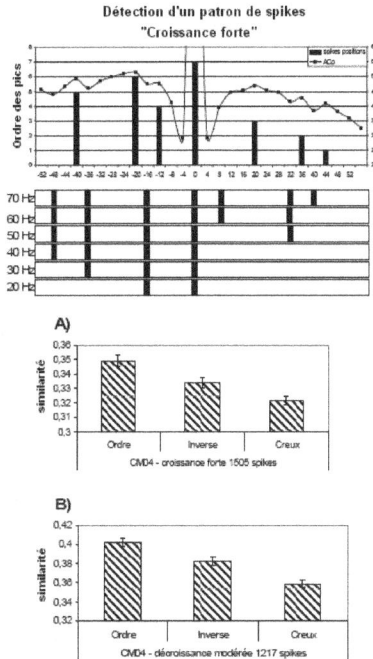

FIGURE 4.9: Significativité de la différence de taille entre les pics et entre les pics et les creux.

En haut, est montré comment est construit l'ensemble de patterns synthétiques « ordre ».

Au milieu et en bas sont montrés les niveaux de similarité des différents ensembles de patterns synthétiques trouvés avec les trains de PAs biologiques. Au milieu les similarités calculées à partir des ensembles synthétiques réalisé à partir des trains associés aux croissances fortes et en bas, les similarités des trains synthétiques issus des ACp décroissances modérées.

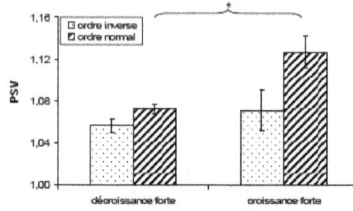

FIGURE 4.10: Valeurs PSV moyennes obtenues avec les patterns synthétiques "ordre" et "ordre inverse" à partir des ACp décroissance forte (à gauche) et croissance forte (à droite).

recréons la matrice d'entrée du TDMLP. Mais les patterns synthétiques ont une durée de 100 ms or la matrice d'entrée est souvent bien plus longue en fonction de la taille optimale trouvée, le reste étant rempli par des zéros. Nous avons donc une entrée très simplifiée dépouillée de toute activité à long terme. Nous pourrons ainsi vérifier l'indépendance de cette région à court terme par rapport à la région à long terme codant les grandes variations de l'EMG. Nous pourrons ainsi savoir si le codage temporel à court terme est nécessaire et/ou suffisant pour définir le PSV ?

Chaque ensemble de patterns synthétiques contient un pattern pour chaque fréquence moyenne du train de PAs. Nous avons donc calculé le PSV pour chaque pattern/fréquence, puis nous avons fait la moyenne afin d'obtenir une valeur PSV pour chaque ensemble des patterns synthétiques. La figure 4.10 montre les valeurs PSV moyenne des 4 ensembles de patterns synthétiques pour un neurone CM (2 ensembles pour chaque niveau de PSV, ordre et ordre inverse, et 2 niveaux PSV, croissance forte et décroissance forte). Nous voyons sur cette figure que le PSV moyen calculé correspondant à l'ensemble de patterns synthétiques ordre pour la croissance forte est de 11% supérieur au PSV moyen de l'ensemble ordre décroissance forte (test-t apparié p<0.01, N=18). Par contre, dans cet exemple, nous n'observons pas de différence significative entre les PSV calculés à partir des deux ensembles « ordre inverse » (test-t apparié p>0.1, N=18). Nous avons aussi constaté qu'à fréquence équivalente le PSV issu de l'ensemble

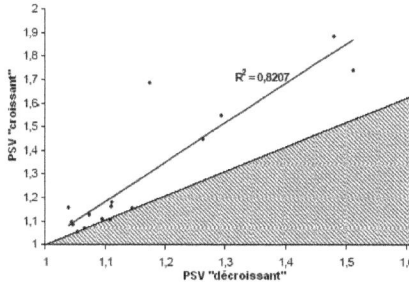

FIGURE 4.11: Relation entre les PSV calculé à partir des ensembles synthétiques « ordre » décroissants et les PSV calculés à partir des ensembles de patterns synthétiques « ordre » croissants.

croissance forte est toujours supérieur au PSV issu de l'ensemble décroissance forte. Mais, pour ces derniers, nous avons toujours obtenu des PSV au mieux légérement supérieurs à 1, qui ne correspond pas à de "vraies" décroissances (PSV<1), ni à partir des autres ensembles. Par contre, les PSV des ensembles "décroissance" sont le plus souvent inférieurs à ceux des ensembles croissances. Nous ne pouvons donc pas dire que les patterns synthétiques à court terme soit suffisant pour obtenir des décroissances bien qu'ils le sont pour les croissances fortes.

La figure 4.11 montre la relation entre les PSV « ordre » décroissant et les PSV « ordre » croissant calculés avec les TDMLP à partir des ensembles de patterns synthétiques. Le grand triangle hachuré représente la moitié du graphique où le PSV obtenu à partir des patterns synthétiques décroissances serait supérieur au PSV obtenu avec les patterns synthétiques croissance. Nous constatons que la très grande majorité des points ne se trouvent pas dans ce triangle. Les 5 points tangents à la frontière entre les 2 régions triangulaires ne présentent pas une différence significative entre les 2 PSV, un seul, parmi eux se trouve légèrement à l'intérieur de la région hachurée. Ce dernier présente donc un PSV « décroissant » supérieur au PSV « croissant ». Pour 15 couples CM/muscle le PSV synthétique obtenu à partir des patterns synthétiques «

croissance » est supérieur au PSV synthétique obtenu à partir de patterns synthétiques décroissance. Onze parmi eux sont significatifs (test t). De plus cet écart semble augmenter linéairement à mesure que le PSV moyen augmente avec un R=0,91. En ce qui concerne les PSV synthétiques obtenus à partir des populations de patterns « ordre inverse », dans le reste de la population de neurones CM testés nous avons obtenu des résultats très similaires à ceux obtenus dans l'exemple présenté en figure 4.10. Les patterns synthétiques « ordre inverse » n'ont généralement pas de différence significative entre les PSV croissance forte et décroissance forte et lorsqu'ils sont différents, il est plus fréquent que des PSV des ensembles de patterns synthétiques "croissant" soient inférieur au PSV décroissant. L'ordre, dans lequel ces positions sont occupées, est donc primordial afin d'obtenir effectivement l'effet recherché. *Le neurone doit non seulement pouvoir définir de façon précise des intervalles entre les PAs, et en particulier, le premier intervalle autours du spike trigger. Mais en plus pouvoir réaliser une séquence précise et ordonnée de ces intervalles.* Nous constatons ainsi l'importance capitale de l'ordre des spikes les uns par rapport aux autres. C'est donc la position et l'ordre temporel qui sont importants et pas seulement l'un ou l'autre.

Afin de confirmer les résultats obtenus, nous avons voulu rechercher les patterns synthétiques dans le train de PAs biologique, afin d'observer avec quel EMG réel il est associé. Nous avons donc utilisé notre algorithme de calcul de la similarité pour rechercher les trains de PAs biologique les plus ressemblants. Nous avons donc parcouru le train de PAs biologique, dès que la similarité du train avec le pattern synthétique (fréquence maximale) devient supérieure ou égale à 50%, l'activité EMG moyenne autours du trigger spike est mesurée. On réalise la moyenne avec tous les EMG observés correspondant aux trains de PAs biologique les plus ressemblants. A partir de cette moyenne, on calcule le PSV. On obtient donc pour chaque couple CM/EMG 2 PSV : un correspondant à une recherche des patterns synthétique de décroissance et un autre correspondant à la recherche de patterns synthétiques de croissance. L'avantage de cette méthode sur la précédente utilisant le TDMLP pour générer un EMG synthétique,

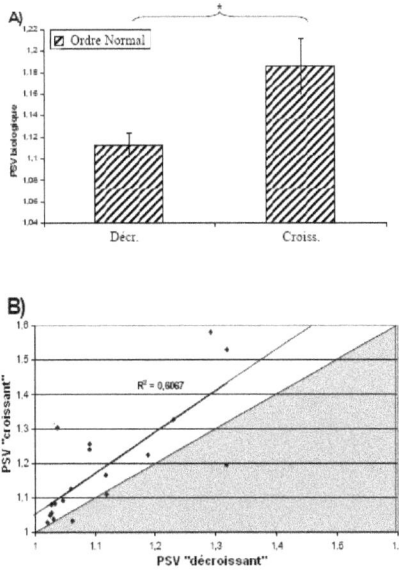

FIGURE 4.12: Validation biologique.

A) PSV moyen biologique autours des trains de PAs biologique ressemblant le plus aux patterns synthétiques décroissance et croissance forte.
B) Relation entre le PSV décroissance et le PSV obtenu par la recherche du pattern synthétique croissance pour 18 couples CM/muscle.

l'activité EMG observée est l'activité EMG biologique qui prend en compte, par définition, les effets de l'ensemble des entrées et en particulier toute l'activité CM environnante, activité à long terme incluse. Les résultats obtenus sont visibles sur la figure 4.12 : en A) pour l'ensemble des couples CM/muscle, nous constatons que le PSV moyen obtenu pour les patterns biologiques ressemblant aux patterns synthétiques « croissance » est significativement supérieur à celui obtenu autour des patterns biologiques ressemblant aux patterns synthétique décroissance. Pour ces derniers, nous n'avons pu obtenir une réelle décroissance de l'EMG, à l'instar des EMG obtenus avec le TDMLP à partir des patterns synthétiques « décroissance ». Pour 15 couples CM/EMG testés sur 18, nous avons obtenu un résultat similaire à celui visible sur la figure 4.12A, avec un PSV des patterns synthétiques « croissance », supérieur à celui des patterns synthétique « décroissance ». Nous pouvons voir sur la partie B de la même figure les résultats détaillés obtenus pour la population testée qui sont également similaires à ceux obtenus à partir des patterns synthétiques et du TDMLP.

4.7 Recherche d'une relation entre les SPS et la tâche

4.7.1 Méthodes

Les trains de PAs synthétiques ont été ré-identifiés dans le train de PAs biologique en calculant à chaque instant la similarité entre le train de PAs biologique et le train de PAs synthétique. Nous avons considéré une détection comme positive si la similarité entre les 2 trains de PAs est supérieure à 50%. Le train de PAs réduit (RST) correspond au train de PAs biologique dont seuls les PAs détectés comme faisant partie d'un patron reconnu sont conservés. Tous les autres PAs sont supprimés.

4.7.2 Résultats

L'occurrence [2] des patrons de PAs en relation avec la tâche comportementale est montrée en figure 4.13. Elle est basée sur le RST. L'occurrence moyenne à travers les 18 cellules du singe 1 et l'occurrence moyenne à travers les 10 cellules du singe 2 sont montrées sur la figure figure 4.13 respectivement en D et I. Comparativement à la période avant le début du mouvement, on observe une augmentation du nombre d'occurrences pendant la période de maintien de la force. Cette augmentation est de 120% pour le singe 1 et de 51 pour le singe 2. Il est important de noter que l'occurrence des patrons n'augmente pas simplement avec l'augmentation du taux de décharge (en C et en H) ou avec l'augmentation

---

2. nombre de détections positives

de l'activité EMG (en A et en F). De plus, l'occurrence des patrons n'est pas non plus liée à la variation moyenne de l'EMG (en B et en G). Nous avons constaté une différence entre les performances à la tâche des deux animaux. En effet le singe 1 (Lilly) s'est révélé beaucoup plus habile avec 66% de réussite aux essais que le singe 2 (Joy) qui lui, n'en réussissait que 22%. Nous avons de plus constaté une différence entre les animaux en ce qui concerne le taux d'utilisation du codage temporel à travers les neurones, révélé par le nombre d'occurence des patterns. Le singe M1 a présenté 75% de ses neurones CM enregistré utilisant du codage temporel contre seulement 50% pour le singe M2. Ce qui suggère une relation entre codage temporel et la performance à la tâche.

4.8 Conclusions

4.8.1 Choix d'une mesure relative pour le PSF

Comme l'ont souligné Bennett et Lemon, « une des caractéristiques supplémentaires de la valeur relative de la facilitation par rapport à l'absolue est son indépendance vis-à-vis du niveau de l'EMG » (Bennett & Lemon, 1994)

4.8.2 L'importance relative du 1er spike dans le pattern

Nous avons mis en évidence dans ce chapitre la relation entre les patrons temporels des cellules CM et les variations fines de l'EMG que nous avons mesurées avec le PSV. Afin d'arriver à cette conclusion, nous avons préalablement constaté que la fréquence moyenne de décharge des neurones CM était bien indépendante de l'amplitude du PSV de l'EMG. Puis nous avons constaté que certaines positions temporelles relatives au spike trigger étaient associées à des niveaux particuliers du PSV. Sur les AC, nous avons constaté que l'un des 1er pics autour du spike trigger était particulièrement relié à la valeur du PSV. Avec systématiquement, sur l'ensemble des cellules testées un premier intervalle autours du spike trigger plus court lorsqu'il s'agit d'un PSV croissant, que lorsqu'il s'agit d'un PSV décroissant. Cette relation constatée en moyenne sur

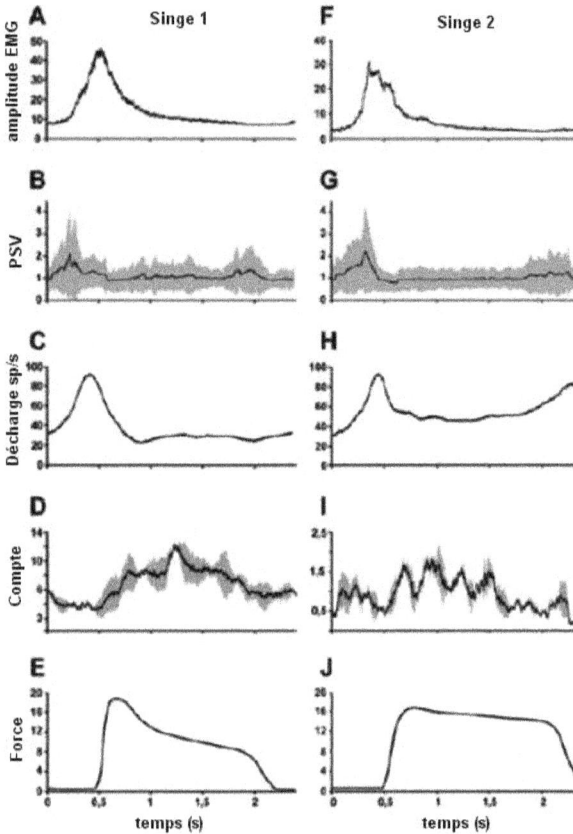

FIGURE 4.13: Relation à la tâche de différents enregistrements neurophysiologiques.

Caractéristiques temporelles de l'EMG (A et F), du PSV (B et G), de l'activité de décharge CM (C et H), de l'occurrence des patrons (D et I) pour une force donnée (E et J). La colonne AE représente les activités du singe 1 tandis que la colonne F-J celles du singe 2.

plusieurs patterns de PAs liés à des PSV de tailles similaires, semble donner une importance particulière aux pics 1er voisins du spike trigger. Ce résultat trouvé sur les neurones CM du Cortex Moteur Primaire (M1) vient donc confirmer d'autres résultats trouvés dans la littérature. En effet, des neurones du Cortex auditif (A2) du chat ont montré que l'information sur l'orientation spatiale de la source sonore est en grande majorité contenue dans le 1er intervalle après la présentation du stimulus (Furukawa et Middlebrooks, 2002). Toujours chez le chat, mais cette fois dans le Cortex auditif primaire (A1) d'autres études montrent que le 1er spike présente systématiquement une latence en gradient avec la localisation de la source sonore (Brugge et al., 1996). Mais également, dans le Cortex visuel chez le singe, le contraste du stimulus est contenue de façon dominante dans la latence du premier spike (Reich et al., 2001). D'autre part, toujours dans le Cortex visuel du singe, d'autres études ont montré que l'élimination de la latence moyenne du premier spike diminue de façon considérable l'information contenue dans la réponse du Cortex visuel au contraste du stimulus (Gawne, 2000 ; Gawne et al., 1996). Dans notre étude, la latence du 1er spike possède une importance particulière mais ne suffit pas à elle seule pour prédire l'activité du PSV. En effet, nous avons tenté de caractériser la relation entre la latence du 1er spike et l'amplitude du PSV correspondant, et nous n'observons aucune relation entre ces 2 valeurs avec un $R<0,032$ (données non montrées). Cette relation entre le 1er intervalle et le PSV n'est donc visible qu'en moyenne. Mais alors comment envisager que la moyenne soit accessible dans le contexte de l'animal en comportement ? D'un certain point de vue, cette moyenne pourrait être accessible à chaque instant si nous considérons que plusieurs neurones similaires donnent chacun une réponse basée sur la même information transmise. La moyenne de toutes ces réponses de neurones similaires reçue par le motoneurone à un moment donné serait équivalente à la moyenne que nous pouvons faire sur plusieurs réponses similaires d'un même neurone. Mais nous avions déjà suggéré dans le chapitre précédent (Manette et Maier, 2004) que les neurones CM transmettent l'information EMG de manière très redondante, suggérant ainsi que plusieurs neurones CM identiques envoient une réponse basée sur la même information. La moyenne de toutes ces valeurs est alors calculée au niveau de la moelle épinière. Nous avions proposé cette idée après avoir constaté que l'activité d'un seul neurone CM pouvait permettre de prédire jusqu'à 30% de l'activité EMG. Ainsi, dans ce cas, seul 3 à 4 neurones CM complémentaires seraient suffisants pour prédire 100% de l'activité EMG. Il est probable qu'un pool comporte beaucoup plus que 4 neurones. Plusieurs neurones CM identiques transmettraient donc des versions différentes de la même information, autrement dit, l'activité EMG du muscle cible. L'idée que des neurones corticaux aux propriétés identiques permettent à des niveaux ultérieurs d'accéder à une moyenne de l'activité afin d'avoir une meilleure information avaient déjà été proposé dans l'étude du Cortex auditif A2 où la moyenne de la latence du 1er spike possédait plus d'information que la latence du 1er spike essai par essai (Furukawa et Middlebrooks, 2002). Une explication de l'importance relative du 1er intervalle par rapport aux autres dans le pattern de PAs pourrait être donnée par notre analyse de la similarité des patterns au cours du temps autour du spike trigger (Cf. figure 4.3 & figure 4.4). En effet, nous avons constaté que la similarité entre patterns de PAs provoquant des niveaux de PSV similaires diminue à mesure que l'on s'éloigne du spike trigger, induisant le fait que la précision de la position des spikes diminue à mesure que l'on s'éloigne du spike trigger. Nous en déduisons que ce qui détermine la position temporelle d'un spike est l'intervalle de temps le séparant du spike précédent. Or il doit exister une erreur sur la précision de chacun de ces intervalles. Si bien qu'à chaque spike émis, les imprécisions s'accumulent par rapport à l'instant de départ servant de référence (Cf. §4.8.4). Ce serait la raison pour laquelle, dans un codage temporel, on retrouverait une prédominance de l'information contenue dans le 1er intervalle. Ce serait sur ce dernier qu'il y aurait le moins d'erreur. Ce serait aussi la raison pour laquelle nous trouvons dans l'activité CM un codage temporel systématiquement placé à court terme par rapport au spike trigger (Manette et Maier, 2004) mais également la raison pour laquelle on retrouve un codage en fréquence moyenne pouvant être placé à court comme à très long terme (plusieurs centaines de ms) puisque dans ce type de codage la précision du placement des spikes a plus largement diminué qu'à court terme.

4.8.3 Un codage cohérent

Bien que le 1er spike semble être celui incorporant le plus d'information sur le PSV, l'information comprise dans les autres spikes ne doit pas pour autant être négligée. En effet, nous avions déjà constaté l'importance de l'ordre global des spikes dans le patron : c'est suivant un certain ordre de probabilité que les positions importantes dans les patrons temporels de PAs apparaissent dans les ACp (Cf. §4.5.2 Les autocorrélogrammes) et c'est donc en respectant cet ordre dans les patrons synthétiques que l'on obtient la meilleure similarité avec l'activité CM biologique (Cf. §4.6.2 Détection des patterns de PAs). De manière fonctionnelle, l'ordre des spikes dans les patrons synthétiques a prouvé son importance lorsqu'on l'a utilisé pour simuler les TDMLP entraînés, puisque ne pas respecter cet ordre pouvait entraîner un résultat non significatif opposé à celui souhaité (Cf. §4.6.4 Validation des patterns synthétiques). Nous avons donc un codage temporel, où ce sont des positions importantes moyennes qui définissent des patterns temporels indépendants de la fréquence moyenne. Nous avons suggéré que l'accès à la moyenne était possible chez le singe dans le cas où plusieurs neurones CM faisant partis d'un même pool véhiculent une information similaire au lieu d'être tout à fait complémentaires les uns par rapport aux autres. La quantité d'information véhiculée par chaque neurone CM en comparaison avec leur nombre dans un pool ayant un même muscle cible nous amène à penser que c'est bien le cas. De nombreux indices nous laissent penser que le codage utilisé par les neurones CM est très cohérent : nous avons déjà constaté une bonne indépendance entre le codage des grandes variations de l'EMG véhiculé par la fréquence moyenne à (généralement) plus long terme suivi par le codage des variations fines de l'EMG véhiculé par des patterns moyens précis de PAs. De plus, l'étude des ACp nous a montré que des PSV opposés étaient également représentés par des caractéristiques temporelles opposées des ACp. Mais également l'étude des GAN nous a montré que le code temporo-fréquentiel utilisé est séparable permettant ainsi de définir de façon différente chaque niveau PSV comme visualisé sur le Graphe des Activités du Neurone par des surfaces d'activités situées à des endroits différents.

4.8.4 Les mécanismes

Relation entre les différents niveaux de PSV observés et la sommation temporelle. Nous avons observé que différents patrons temporels de PAs étaient associés à différents niveaux de PSV. Nous avons également mis en évidence l'importance plus grande du 1er spike autour du spike trigger dans la transmission de l'information. Nous avons vu qu'un PSV faible ou décroissant était accompagné d'un patron dont le 1er spike était placé relativement loin avant le spike trigger, tandis qu'un PSV de forte croissance était accompagné d'un patron dont le 1er spike était généralement placé très peu de temps après le spike trigger. Nous suggérons que la sommation temporelle explique l'association de ces différents patterns avec ces différentes valeurs de PSV dans l'activité EMG. En effet, dans le cadre de la sommation temporelle, chaque spike déclenche un Potentiel Post Synaptique Excitateur (PPSE) dans les cellules post-synaptiques (les motoneurones et les cellules musculaires). Chaque PPSE a une certaine durée ce qui permet leurs sommations temporelles en fonction de l'arrivée des spikes. Nous comprenons ainsi qu'il pourrait être possible de déclencher un PSV fortement croissant dans le cas d'un patron avec 2 spikes très proches l'un de l'autre en sommant rapidement les 2 PPSE qu'ils produisent. Par comparaison, pour 2 spikes éloignés l'un de l'autre, les PPSE se sommerait dans une moindre mesure. Les autres spikes du train peuvent permettre de moduler plus précisément la sommation temporelle afin de définir le PSV plus finement.

Relation entre l'augmentation de la précision temporelle de décharge des neurones et l'apparition de codage temporel et de synchronie. Nous suggérons qu'un mécanisme commun permettant l'augmentation de la précision temporelle de décharge des neurones réalisée au cours de phase d'entraînement à la tache permet à la fois aux neurones de générer des patrons précis de PAs mais également de se synchroniser entre eux. En effet, des neurones CM faisant partie d'un même pool véhiculent la même information sur l'activité EMG du muscle cible à coder. Ils vont donc générer des patrons précis de PAs identiques et être mécaniquement synchronisés les uns par rapport aux autres dans un même pool.

Relation entre le codage en fréquence et en temporel dans l'activité CM. Nous avons observé que la similarité des trains de PAs diminuait à mesure que l'on s'éloigne du spike trigger. Nous pensons qu'un mécanisme probable permettant de rendre compte de cette observation est l'accumulation de l'erreur spike après spike. En effet, sur chaque spike, il existe une petite erreur. Pour bien comprendre, considérons un neurone ayant une fréquence de décharge moyenne f tel que f=1/p. En considérant l'erreur j sur l'émission de chaque spike, on observe que le premier spike après un spike trigger arrivera au temps pśj. Et sachant que le suivant arrivera également à un temps pśj par rapport au précédent, la position du nième spike après le spike trigger, sa position sera donc n(pśj) soit une position n.p avec une erreur n.j sur cette position. L'erreur sur la position relative d'un spike par rapport à un autre augmente donc avec le nombre de spike intercalés entre ces 2 spikes. Le neurone ayant une certaine fréquence de décharge moyenne, l'erreur va donc augmenter avec le délai entre 2 spikes. Conformément à ce qu'on a observé au niveau des trains de PAs biologiques mais également au niveau des trains de PAs poissonnien [3] où la similarité diminuait de même avec la distance au spike trigger (Cf. article en préparation en annexe III). Nous avions suggéré dans Manette & Maier 2004, qu'il existait deux périodes importantes dans l'activité CM permettant de prédire au mieux l'activité EMG. Une période à long terme où c'était essentiellement la fréquence moyenne qui était vectrice de l'information. Et une période à court terme où

---

3. La génération du train de PAs suit une loi de Poisson où la probabilité d'apparition k d'un spike est : $p(k) = e^{-\lambda} \frac{\lambda^k}{k!}$. Avec λ, un nombre réel strictement positif.

le vecteur de l'information pourrait être un codage de type temporel. Dans ce chapitre, nous avons proposé des preuves supplémentaires sur la possibilité d'un codage temporel dans une période à court terme autour du spike trigger, sous la forme de patrons précis de PAs, où la position de chaque spike est définie à ś2ms. Nous comprenons également mieux pourquoi à long terme, c'est essentiellement la fréquence moyenne qui est vectrice de l'information, puisqu'avec l'accumulation des erreurs, la position de chaque spike devient trop imprécise pour permettre un codage temporel au sens où on l'a défini.

Relation entre le codage temporel et la performance à la tâche. Deux arguments nous laissent penser que le codage temporel est finement lié à la performance comportementale et que ce lien provient de l'accroissement de la quantité d'information transmise par le neurone CM par l'utilisation du codage temporel. En effet, si l'utilisation du codage temporel s'accompagne d'une augmentation de la quantité d'information transmise, cela devrait s'accompagner d'une modification comportementale. C'est bien ce qu'on observe puisque les performances à la tâche augmentent avec le niveau d'utilisation du codage temporel par les neurones CM (Cf. 4.7.2). Mais on devrait observer également des variations de l'utilisation du codage temporel pendant les différentes phases comportementales en fonction des besoins en précision. C'est bien ce que l'augmentation des observations du codage temporel pendant la période de maintien semble indiquer. Un résultat concernant une autre utilisation du codage temporel, mais sous la forme de synchronie avait d'ailleurs été trouvé par (Schieber, 2002) avec une augmentation des effets de la synchronie chez des singes entraînés plus de 5 ans par rapport à un singe entraîné moins d'un an. Ce qui suggère fortement une relation entre codage temporel et les performances à la tâche qui augmente après entraînement. Nous avions montré dans (Manette et Maier, 2004) que la quantité d'information transmise par l'activité CM augmente lorsqu'on prend en compte l'information à court terme en plus de l'information à long terme. Or, nous avons maintenant apporté des preuves que l'information à court terme peut être contenue dans un codage temporel sous la forme de patrons temporels de PAs, que nous avons détectés. Nous proposons donc l'hypothèse que la performance à la tâche augmente chez les singes entraînés grâce à l'utilisation acquise du codage temporel par les neurones CM. Cela leur permet d'augmenter la quantité d'information transmise par unité de temps et de produire un EMG plus précis et donc des mouvements des doigts plus précis et également des meilleures performances aux tests. Nous avons trouvé, au cours de cette étude, une corrélation entre les occurrences des patterns temporels et des événements comportementaux. Nous avons effectivement constaté que c'était pendant la période « hold » que l'on observait une augmentation du nombre de patrons trouvés. D'autres travaux (Baker et al., 2001 ; Baker et al., 2003) ont également trouvé une augmentation du nombre de synchronies pendant la période de maintien. Or, c'est pendant cette période qu'est demandé au singe de maintenir avec précision une certaine gamme de force. Cette demande de précision doit donc s'accompagner d'une grande précision également au niveau des EMG produits. Or, la précision devrait s'accompagner d'une augmentation de la quantité d'information transmise à chaque instant. D'où l'utilisation dans ces périodes particulières de codages temporels sous la forme de synchronies ou de patterns qui permettent d'augmenter la quantité d'information transmise. Cette quantité d'information transmise augmente grâce à la dimension supplémentaire de codage offerte par le codage temporel. En effet si l'on considère que la période à long terme est codée par m niveaux de fréquence, n'utiliser que la fréquence ne permettrait de coder en conséquence que m niveaux dans l'EMG. Mais en utilisant en plus un codage temporel qui contiendrait t niveau et en combinant les 2 (à condition d'avoir une indépendance parfaite entre fréquence et temporel), on pourrait obtenir (m . t) niveaux EMG. Or nous savons que dans les neurones biologiques étudiés on observe une petite dépendance significative entre la fréquence et la partie temporelle. Nous aurons donc certainement, dans le cas de la biologie, une quantité d'information qui sera inférieure au nombre théorique de (m.t) par unité de temps.

4.8.5   Indépendance entre la modulation en fréquence et la modulation des occurrences temporelles

Prut et al en 1998 ont souhaités révéler des occurences de séquences précises de spikes (Precise Firing Sequence, PFS) dans les activités du cortex et souhaités lier la détection des PSF à des effets comportementaux. Pour cela, 2 singes ont été entraînés à réaliser un paradigme de réponse différé qui consistait à ouvrir à un moment donné une boite à secret [4]. Ils ont enregistrés les activités extracellulaires des neurones des aires prémotrices et préfrontales. Un PFS a été définie par les auteurs comme une série de 3 spikes et 2 intervals avec une précision de +/- 1ms. Un PFS doit être répété un nombre significatif de fois afin d'être pris en compte. Des PFS ont été trouvés dans 24 des 25 sessions d'enregistrement. La détection (l'occurence) des PFS était particulièrement liés à certaines périodes comportementales : par exemple des clusters de PFS ont été trouvé pendant la période d'attente de l'animal ou d'autres pendant la période d'action.

Les auteurs ont ensuite cherchés à observer la relation entre la variation du taux de décharge des patrons et la variation du nombre de PFS détectés. Ils ont constaté que la modulation de l'activité temporelle, définie par la variation du nombre de PFS détectés au cours du temps, peut parfois être décorrélée de la modulation de l'activité en fréquence. En effet, ils ont montré un exemple qui présente une forte modulation du nombre des occurrences des PFS alors que la fréquence moyenne de décharge du neurone évolue peu au cours du temps. De même, nous trouvons dans ce travail, une plus forte modulation en moyenne de l'activité temporelle pendant la période de maintien que pendant la période de mouvement. Or, en accord avec l'observation de Prut et collègues, c'est pendant la période hold que l'on observe une fréquence moyenne de décharge du neurone CM plutôt tonique avec une relativement faible activité. Ce qui suggère que la modulation temporelle peut être décorrélée de la modulation en fréquence. Ils en concluent que la fréquence ("rate coding" dans l'article) est insuffisante pour

---

4. Il s'agit d'une boite comportant un système d'ouverture compliqué.

expliquer l'information transmise par le neurone et qu'il faut prendre en compte d'autres type de codage.

Il est à noter que Prut et ses collègues n'ont pas fait de distinctions entre différents type de PFS trouvés ce que nous faisons avec les SPS, puisque nous avons détecté 4 types de SPS différents associés à 4 niveaux de PSV. Nous sommes donc tout à fait en accord avec Prut et ses collègues lorsqu'ils considèrent qu'il est important d'utiliser autres choses que la simple fréquence de décharge du neurone.

4.8.6 Limites

Nous avons tenté de discriminer nos patrons temporels à l'aide d'autocoréllogrammes. Or ce que l'histogramme donne(rait) pour être un seul train pourrait être composé d'événements jamais corrélé entre eux, mais qui se manifesterait néanmoins par 2 pics sur notre histogramme. Nous devons donc être conscients des limites de notre méthode en sachant qu'en utilisant un histogramme, nous avons fait l'hypothèse implicite qu'il n'existe qu'un seul type de train de PAs par gamme de PSV. En fait, il pourrait bien y avoir 2 trains différents par gamme que l'histogramme combinerait pour ne former qu'un seul train. Pour rentrer plus dans les détails des trains trouvés, nous pourrions utiliser la technique de clustering suggérée par Fellous et al en 2004. Néanmoins, nous pensons néanmoins que malgré l'utilisation d'une technique plus précise, on pourrait rencontrer d'autres problèmes qui sont gommés dans la moyenne. En effet, il ne faut pas oublier que la relation entre l'activité CM et l'activité EMG n'est pas bi-univoque mais que beaucoup d'autres entrées sont à prendre en compte. En utilisant un simple histogramme nous restons dans des valeurs d'intervalles moyens, moyenne qui est certainement accessible aux motoneurones grâce à la redondance. La question étant alors de savoir pourquoi on ne retrouve pas de réelle décroissance dans la validation. Pour répondre à cette question, il faut se rappeler que les neurones CM possèdent des connexions excitatrices. Si bien que même en modulant l'amplitude des PSF avec un codage temporel, le neurone CM ne pourrait produire de PSF négatif. De plus, en considérant que le codage temporel module le PSF et non, à proprement parler, le PSV, on pourrait retrouver aussi des PSF faibles pour les PSV croissants faiblement. En moyenne nous savons qu'il existe plus de PSV croissants que de PSV décroissants. Ce serait donc la raison pour laquelle on retrouverait simplement des PSV plus faibles mais positif en recherchant des patrons décroissants. Comment obtenir alors une vrai décroissance avec une connexion excitatrice ? S'agirait-il d'une baisse de la fréquence à long terme couplée à des PSF les plus faibles possibles ? Ce serait la raison pour laquelle on retrouverait des patrons liés à des PSF faibles liés à des PSV décroissants. Nous n'excluons pas le simple effet de la modulation de la fréquence de décharge des neurones CM comme mécanisme influençant la valeur du PSV, comme cela a déjà été suggéré par (Baker et Lemon, 2000). Mais, nous pensons qu'un autre mécanisme s'y ajoute permettant de moduler l'activité PSV. En effet, la simple modulation de la fréquence de décharge CM a laissé certains indices dans la structure de certains patterns synthétiques trouvés. Cela a été le cas dans notre étude de l'activité CM liée aux activités PSV par autocorrélogrammes (Cf.4.5.2 Les autocorrélogrammes). Nous avions alors constaté une dissymétrie autour du spike trigger concernant notamment le 1er pic. Ce dernier se trouvant d'une manière plus probable soit avant soit après le spike trigger de manière inversée entre les patterns concernant les PSV croissant et ceux concernant les PSV décroissant. Dans ce cas la fréquence moyenne CM autour du spike trigger est plus élevée avant le spike trigger pour les PSV décroissant tandis que c'est l'inverse pour les PSV croissant. Nous pouvons alors comprendre que la fréquence diminuant dans le premier cas conduirait à une décroissance de l'activité EMG d'où un PSV inférieur à 1. Tandis que dans le second cas, la fréquence moyenne CM augmente conduisant ainsi à une augmentation de l'EMG et un PSV supérieur à 1. L'explication la plus simple serait donc celle donnée par (Baker et Lemon, 2000) consistant en une simple modulation de la fréquence moyenne conduisant à une modulation de l'activité EMG. Seulement, nous n'avons pas retrouvé dans tous les cas, un premier pic plus probable placé avant dans le cas des patterns associé aux décroissances et après pour les patterns associés aux croissances.

Dans 30% des cas ce fut le contraire. Bien que toutes les cellules CM sélectionnées dans cette étude présentent une relation positive entre leur fréquence de
décharge et l'activité EMG rectifiée. Nous ne pouvons donc pas relier cette inversion à une inversion de la relation entre la fréquence de décharge et l'activité
EMG. Par contre, sans exclure que les effets de la modulation de la fréquence
moyenne de décharge CM influence la valeur du PSV, nous pensons qu'un autre
effet doit s'y ajouter afin de moduler la valeur du PSF et ainsi rendre compte
des 30% restants. En effet, une fréquence moyenne différente avant et après le
spike trigger n'explique pas tout : dans 90% des patterns synthétiques trouvés,
à fréquence maximale (c'est-à-dire en prenant en compte tous les pics trouvés
dans les ACp) la fréquence moyenne n'est pas différente avant et après le spike
trigger. De plus lorsque nous testons ces configurations, à fréquences moyennes
identiques, avec le TDMLP, nous trouvons des PSV de tailles différentes (Cf.
4.6.4 Validation des patterns synthétiques). De même lorsque nous recherchons,
par similarité, les patterns biologiques les plus ressemblants aux patterns synthétiques à fréquence maximale, nous retrouvons également des PSV de tailles
différentes. Une simple modulation de la fréquence moyenne n'explique pas non
plus pourquoi la taille du premier intervalle, qu'il soit placé avant ou après le
spike trigger, est en relation avec l'amplitude du PSV. Nous proposons donc un
mécanisme supplémentaire, s'ajoutant aux effets de la fréquence moyenne. La
modulation de la fréquence moyenne, joue forcément un rôle que nous avions
déjà identifié comme responsable des variations globales de l'EMG. Mais nous
avions constaté qu'il devait exister un effet à court terme permettant d'ajouter
de la précision à l'EMG et utilisant un autre type de codage que la fréquence
moyenne, afin de ne pas rentrer en conflit entre elles. C'est le codage temporel
que nous avons identifié par différents patterns synthétiques aux caractéristiques
temporelles associées à celles de la grandeur (PSV) codée. Seulement par quels
mécanismes pourrait s'exercer ce codage temporel ? Il nécessite en effet de pouvoir « mesurer » précisément l'arrivée des spikes relativement au spike trigger,
et de leur attribuer un poids en fonction de leur timing d'arrivé. Nous suggérons
que cette « mesure » suivie de cette « attribution » d'un poids pourraient être

simplement réalisées par un neurone intermédiaire (dans les couches cachées) effectuant une sommation temporelle de ses PPSE en fonction de l'ordre d'arrivée des spikes CM. Un mécanisme de cette sorte peut tout aussi bien être généralisé afin de réaliser par la même occasion la mesure de la fréquence moyenne. C'est ce mécanisme que nous allons détailler dans le chapitre suivant.

Chapitre 5

LE MODÈLE TEMPUNIT

Un réseau de neurones inspiré de la biologie pour le traitement de signaux temporels (Manette et Maier, 2006).

5.1 Résumé

Le problème rencontré au chapitre III était de savoir comment calculer précisément les coefficients v_i de la fenêtre temporelle d'un coté. Et d'un autre coté, comment mesurer avec une précision de quelques millisecondes (4ms dans notre étude) l'arrivée des spikes à l'intérieur de cette fenêtre. Comment un système biologique serait-t-il en mesure de calculer les coefficients v_i et de mesurer les temps précis d'arrivée des spikes ? Surtout que face à ce problème s'oppose l'apparente simplicité du calcul de la fréquence moyenne d'arrivée des spikes par un neurone biologique.

Pour répondre à ces questions, nous avons développé et testé un nouveau type de réseau de neurones artificiel spécialisé dans le traitement des signaux temporels. Le fonctionnement de ses unités (TempUnit) s'inspire du principe biologique de sommation temporelle observé dans les neurones. A l'inverse des réseaux de neurones traditionnels qui utilisent une ou plusieurs fonctions de bases fixes et modifient leurs influences en modifiants leurs poids synaptiques, les réseaux TempUnits modifient eux directement la forme de leurs fonctions de base. Nous montrons de manière théorique que par le simple principe de la sommation temporelle, la forme de la fonction de base permet à l'unité post-synaptique d'effectuer une mesure précise de l'arrivée des patrons d'entrée et ainsi se comporter en détecteur de séquence précise de spikes (SPS). Le modèle a été testé avec nos données contenants les enregistrements des neurones corticaux associés à l'activité EMG de leurs muscles cibles. Le modèle TempUnit a montré des performances 2,3 fois supérieures aux performances d'apprentissage des TDMLP. De plus, contrairement au TDMLP, le TempUnit utilise une fonction de transfert explicite qui permet de calculer facilement la fonction inverse. Nous avons ainsi été en mesure de calculer une activité synthétique pour 3 neurones CM d'une colonie à partir de l'activité EMG d'un de leurs muscles cibles. Les activités CM calculées par TempUnit ont montrées de nombreuses similitudes avec les activités CM biologiques expérimentales.

D'un point de vue plus formel, le modèle TempUnit a également montré d'intéressantes capacités en compression de données. Nous avons testés ces capacités de compression de signaux temporels sur les données biologiques EMG mais également sur des données audio et nous avons comparé les performances obtenues avec le modèle TempUnit au standard de compression audio MP3. Nous avons trouvé un taux de compression 5 fois plus important pour TempUnit comparé à MP3 pour un niveau de reproduction sonore similaire [1].

5.2   Introduction

Après avoir constaté que le codage de la cellule CM combine à la fois un codage en fréquence et un codage temporel pour déterminer l'activité EMG, nous nous intéressons maintenant aux conséquences d'un codage de ce type sur le type des données transmises. Nous tâchons de savoir maintenant s'il existe un modèle permettant d'expliquer les observations faites au niveau du système CM.

---

1. La similarité a été obtenue par le calcul de la différences des signaux MP3 et original et le signal du TempUnit avec l'original. Il ne s'agit pas de la mesure subjective de la qualité d'écoute.

Bien souvent en informatique, on s'intéresse aux codages optimums par rapport au type de données envoyées. En biologie, il semble bien que le type de codage utilisé par les neurones soit également étroitement en relation avec les caractéristiques temporelles des informations transmises. En effet, le codage temporel implique la transmission d'un pattern[2] de PA précis temporellement afin de convoyer l'information. Or, ce pattern étant communiqué de manière sérielle à une certaine durée de transmission, cette durée, associée au fait qu'on n'utilise pas d'horloge externe dans ce modèle, implique que le pattern suivant est en partie composé du pattern précédent. Il en résulte qu'après la transmission d'un pattern complet, la suite se trouve considérablement contrainte par le présent. Cette contrainte pourrait présenter un désavantage car elle limite les possibilités de transitions. Au contraire, cette contrainte peut être utile à l'information codée. Et ceci pour la raison suivante : L'activité EMG malgré une gamme d'activité conséquante est loin d'explorer l'ensemble des transitions possibles : dans la gamme, seule un ensemble limité est utilisé. L'EMG est effectivement de toute façon limitée par le fait qu'il faille produire des mouvements cohérents mais est de plus contraint de fonctionner avec d'autres muscles agonistes et antagonistes. Le tout devant former un ensemble cohérent et harmonieux afin de produire des mouvements. La plupart des réseaux de neurones utilisent des fonctions de base analytiques et fixées pendant l'apprentissage et la généralisation. Toutefois, les capacités d'apprentissage et de généralisation dépendent du choix de cette fonction de base qui est souvent inspirée de celles observées dans les systèmes biologiques.

Il y a, au moins, 2 classes distinctes de schémas de codage : un code en valeur et un code en intensité (Ballard, 1986). Le codage en valeur est défini par une réponse neuronale qui est spécifique pour chaque valeur d'une variable donnée, tel que l'orientation d'une barre dans le champ récepteur d'un neurone visuel ou la direction du mouvement pour un neurone moteur. Souvent, la fonction de base associée à un code en valeur est une gaussienne (Baldi et Heiligenberg, 1988 ; Baraduc et Guigon, 2002 ; Georgopoulos et al., 1989 ; Pouget et al., 1998 ;

---

2. un codage composé d'une séquence précise de PA.

Salinas et Abbott, 1995 ; Seung et Sompolinsky, 1993 ; Snippe, 1996 ; Wilson et
McNaughton, 1993). La seconde classe concerne le code en intensité, où c'est
tout un intervalle de valeurs qui est codé, généralement par une fonction linéaire
ou sigmoïde (Cheney et Fetz, 1980 ; Maier et al., 1993). Les avantages compu-
tationnels de chacun de ces codes ont été étudiés (Guigon et Baraduc, 2002)
et chacun ont montrés des avantages particuliers soit en terme d'apprentissage
ou de généralisation (Baraduc et al., 2001 ; Guigon et Baraduc, 2002 ; Poggio et
Bizzi, 2004). Pour les processus temporels, des fonctions de bases sont également
utiles et on retrouve également que ces fonctions sont généralement analytiques
et fixes comme dans les analyses de Fourrier avec des fonctions de base en sinus
et cosinus mais également pour les transformations en ondelettes.

Dans ce chapitre, on évalue un type de neurone artificiel (le TempUnit) qui
utilise une fonction de base qui n'est pas fixée contrairement aux modèles vus
précédemment. Il permet au contraire d'apprendre et d'optimiser la fonction
de base afin de lier entrée et sortie. Optimiser la fonction de base sur les données permettrait un apprentissage plus rapide et une meilleure généralisation
que l'utilisation de fonctions de base fixes et prédéfinis. Nous avons utilisé des
données biologiques et artificielles pour tester notre réseau de neurones, lequel
est basé sur un modèle formel de sommation temporelle (TempUnit) et sur le
traitement de l'information d'un signal variant au cours du temps. Dans le domaine biologique, nous allons explorer la relation entre un train de PAs qui
représentera l'entrée du réseau TempUnit et l'EMG qui sera la sortie désirée.

Dans ce cadre, les questions suivantes seront abordées :

1. comment la sortie EMG est déterminée à partir des différentes parties du
   train de PAs ?

2. Un modèle basé sur une simple sommation temporelle peut il expliquer
   les phénomènes observés dans les chapitres précédents ?

3. Etant donné un certain profil EMG, comment réaliser la fonction inverse
   qui permettrait de déterminer l'entrée (ou la commande) qui conduirait à
   la sortie désirée (fonction inverse) ?

De plus, comme nous le verrons dans l'équation (7), la convolution du TempUnit le rend équivalent à une classe de filtre « Finite Impulse Response » (FIR). Les FIRNN (des réseaux de neurones de type Perceptron avec des synapses en filtres FIR) sont fonctionnellement équivalent à des Time Delay Neural Networks (TDNN) (Waibel et al., 1989 ; Wan, 1990), où chaque coefficient du filtre FIR est équivalent à un poids sur une synapse statique dont l'entrée est retardée (délais). En conséquence, l'apprentissage des coefficients du filtre FIR s'apparente à l'algorithme de backpropagation de Rumelhart. Cet algorithme est appelé 'temporal backpropagation' (Cholewo et Zurada, 1998 ; Wan, 1993). Les performances du réseau TempUnit seront donc comparées à des Time Delay Neural Networks (TDNN). Les performances en décomposition de signaux et en compression de données seront comparées à l'algorithme MP3 qui se base sur la transformation en ondelettes (Arneodo A., 1988).

5.3 TempUnit : un modèle basé sur la sommation temporelle

Le modèle TempUnit est basé sur le mécanisme de sommation temporelle des potentiels post-synaptiques observés dans le neurone. Chaque fois qu'un potentiel d'action (PA) arrive au niveau de l'arbre dendritique, il s'ensuit une modification temporaire du potentiel de membrane de la cellule post-synaptique (PPSE ou PPSI). Dans le cas ou plusieurs PA arrivent dans un intervalle de temps suffisamment court pour que le potentiel de membrane ne soit pas encore revenu au repos, il s'ensuit que les SPS suivant se somment aux précédents. C'est ce que l'on nomme la sommation temporelle. Ces mécanismes de sommation temporelle ont été observés in vitro et in vivo. En particulier, le potentiel résultant est bien plus élevé lorsque 2 spikes arrivent de façon quasi-synchrone (Abeles, 1991 ; Abeles et al., 1995) et cela a conduit à des théories sur le codage temporel (Abeles et Gerstein, 1988 ; Abeles et al., 1994 ; Gray et al., 1989 ; Prut et al., 1998a ; Singer, 1994b). D'autres données ont de plus montré que les neurones répondaient de façon déterministe (Mainen et Sejnowski, 1995) comme le fait le TempUnit.

Dans cette version présentée, le TempUnit est un modèle de neurone qui intègre mais ne décharge pas (équivalent à un filtre FIR), pour une version plus complète du modèle veuillez vous référer à l'annexe IV. L'évolution temporelle et déterministe du potentiel de membrane r du TempUnit est le résultat d'une sommation temporelle et dépend de 2 paramètres. Premièrement, les potentiels d'action qui sont l'activité d'entrée, donnés dans un vecteur $\mathbf{x}$ de taille T, et deuxièmement le potentiel membranaire du TempUnit, encore appelé fonction de base défini dans le vecteur $\mathbf{v}$. Dans un contexte de temps discrets, le vecteur $\mathbf{v}$ a une durée de p intervalles. Nous pouvons alors, en fonction de cette taille, définir le vecteur d'entrée $\mathbf{x}_t$ qui est une sous-partie du vecteur $\mathbf{x}$ précédent correspondant à l'entrée du TempUnit juste nécessaire pour calculer la sortie du TempUnit à l'instant t. Il est aussi de taille p et peut être vu telle une fenêtre mobile de taille p, glissant sur le vecteur $\mathbf{x}$. Et son fonctionnement est équivalent à un filtre FIR, toutefois, de façon à introduire la possibilité de dilatation temporelle de la sortie, nous introduisons un coefficient de dilatation C_d. Le TempUnit devient ainsi capable de dilater ou contracter ses patrons temporels de sorties. Cette dilatation d'un patron temporel à été observés dans certains cas au niveau de l'activité musculaire, lorsque l'EMG produit biologiquement semble être simplement accélérée pendant une phase de mouvement plus rapide (Flanders et Hermann, 1992). C_d s'exprime comme le rapport entre le taux d'échantillonnage de l'input x et celui de la fonction de base $\mathbf{v}$. Dans l'équation 5.2, nous utilisons la fonction E pour obtenir la partie entière d'un nombre réel x de la façon suivante : $E(x) = [x]$ et son reste de la façon suivante : $x - E(x) = \lfloor x \rfloor$. Le potentiel de membrane r_t résultant de l'entrée x et de la fonction de base $\mathbf{v}$ est exprimé par l'équation 5.2 et une représentation schématique du processus est exprimé en figure 5.1.

$$\mathbf{x}_t = [x_{t-p-1}...x_{t-1}] \qquad (5.1)$$

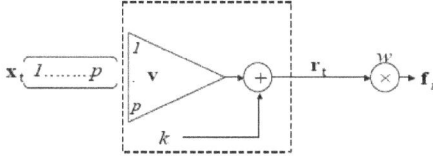

FIGURE 5.1: Une représentation schématique d'un TempUnit.

$\mathbf{x}_t$: entrée binaire de norme p, $\mathbf{v}$: fonction de basede , $\mathbf{r}_t$: sortie réelle, w : poids synaptique, k : biais, $\mathbf{f}_t$: sortie réelle pondérée.

$$r_t = k + \sum_{i=1}^{[pC_d]} x_{t-i-1} \left(v_{\left[\frac{i}{C_d}\right]} + \left\lfloor \frac{i}{C_d} \right\rfloor \left(v_{\left[\frac{i}{C_d}\right]+1} - v_{\left[\frac{i}{C_d}\right]} \right) \right) \qquad (5.2)$$

Et dans le cas particulier de Cd=1, nous avons :

$$r_t = k + x_t.\mathbf{v} \qquad (5.3)$$

Dans la suite de ce chapitre, nous nous utiliserons Cd=1.

Plusieurs TempUnits peuvent être combinés afin de former un réseau de neurones feedforward, comme peut être vu en figure 5.2. La sortie f, d'un réseau de TempUnits est alors calculée en combinant les différentes sorties $\mathbf{r}_t$ avec des poids synaptiques w et un biais k. Chaque neurone j, des N neurones de ce réseau a sa propre fonction de base $\mathbf{v}_j$, son propre poids synaptique w_j et biais k_j. De manière, à obtenir une relation entrée-sortie complète, pour le train de PAs complet, nous formons, la matrice $\mathbf{X}_j$, où chaque ligne correspond à un vecteur $\mathbf{x}_t$, nécessaire et suffisant pour déterminer la sortie à l'instant t. La sortie f complète du réseau est décrit par l'équation suivante :

$$\mathbf{f} = \sum_{j=1}^{N} \left(\mathbf{X}^j \cdot \mathbf{v}^j + k^j \right) w^j \qquad (5.4)$$

En termes de traitement de signal, en plus d'être très proche d'un filtre F.I.R en terme de fonctionnement, le TempUnit peut être comparé à d'autres modèles utilisant des fonctions de base pour décomposer un signal tels que la

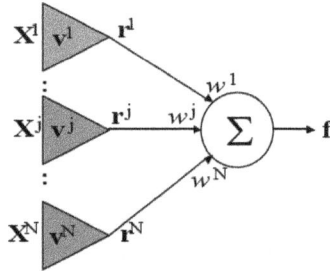

FIGURE 5.2: Un réseau feedforward de N TempUnits.
Chaque triangle gris correspond à la boite pointillé de la figure précédente.

décomposition de Fourrier mais aussi la transformation en ondelettes. Toutefois, sur un plan biologique, le TempUnit fournit une base computationnelle permettant le traitement et l'analyse de l'activité binaire des neurones. Bien sur d'autres modèles permettent de telles analyses (Poggio et Bizzi, 2004), mais ces modèles incorporent des fonctions de bases à la fois prédéfinies et fixes tandis que le TempUnit incorpore une fonction de base acquise et optimisée par apprentissage supervisé de la manière décrite dans le paragraphe suivant.

5.4 Apprentissage supervisé

Dans le cas spécifique d'un coefficient de dilatation $Cd = 1$, le TempUnit fonctionne de manière équivalente à un filtre F.I.R opérant sur une entrée binaire. C'est ainsi que l'algorithme proposé peut aussi être appliqué à ces derniers. Généralement, un apprentissage supervisé dans un réseau de neurone optimise les poids et les unités utilisent classiquement des fonctions de transfert fixes. Au contraire, l'apprentissage supervisé dans un TempUnit sert à déterminer la fonction de base optimale. Pour cela, à la manière d'un apprentissage supervisé classique, il est nécessaire de connaître à la fois l'entrée et la sortie désirée correspondante pour plusieurs instants de temps. Par contre, la durée de la fonction de base a besoin d'être pré-spécifié. Nous avons donc l'entrée qui est la matrice

X de dimension $p \times T - p$ qui est associé à la sortie désirée dans le vecteur f. Cela est donc équivalent à un système d'équations linéaires surdimensionné de T-p équations (avec généralement $T >> p$) et p inconnues. La solution qui forme le compromis de toutes ces équations peut être donnée par la méthode de résolution des moindres carrés. Nous illustrerons l'apprentissage ainsi que les performances d'un TempUnit, en réalisant dans un premier temps l'apprentissage d'un signal sinusoïdal puis par l'utilisation de nos données biologiques (corticales et EMG) obtenues chez le singes éveillé.

5.4.1 La fonction directe et apprentissage supervisé de la fonction sinus

La sortie désirée consiste en 2 cycles d'un sinus samplé à un taux de 16 échantillons par période. Pour déterminer la fonction de base, nous avons également besoin d'une entrée, laquelle pourrait consister en 8 potentiels d'actions successifs placés de la manière présentée en figure 5.3. Nous devons également choisir la taille p du vecteur de base v du TempUnit, soit $p = 8$. Avec 2 périodes de 16 échantillons, nous avons donc $T = 32$ et une matrice **X** de dimension 8 x 24. Nous avons donc 24 équations et 8 inconnues.

Avec la fonction de base montrée dans la figure 5.3, le TempUnit a reproduit les 32 échantillons de la courbe sinus avec une performance proche de 100% (P=99,9999%; erreur=15,76 e-6). La performance a été calculée comme étant P=1-(erreur/erreurmax), avec l'erreurmax=(moyenne de la sortie)-(sortie désirée) voir aussi (Manette et Maier, 2004).

5.4.2 Fonction directe : apprentissage supervisé du lien entre activité CM et EMG.

Contrairement au cas du sinus illustré précédemment, cette fois, l'entrée et la sortie désirée sont connues. Seule doit être choisie la durée p du vecteur fonction de base. Nous avons vu dans les chapitres II et III qu'une entrée d'une

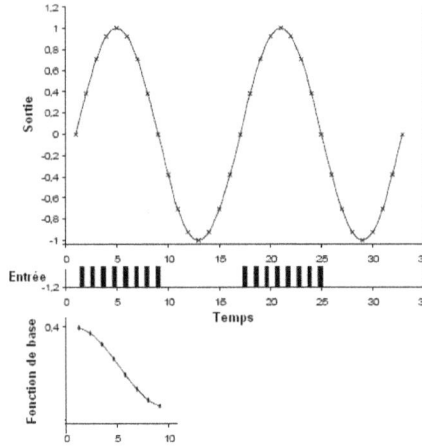

FIGURE 5.3: 2 périodes d'un sinus.

Les barres verticales : les potentiels d'actions en entrée. La ligne pleine : la sortie désirée. Les croix : la sortie calculée par TempUnit. En bas, la fonction de base apprise. Le temps est exprimé en pas de calcul.

durée de 400ms est suffisante dans tous les cas pour déterminer l'activité EMG. L'application directe de l'algorithme d'apprentissage supervisée sur les enregistrements biologiques devrait nous permettre de calculer une fonction de base. La figure 5.4 nous montre une fonction de base apprise pour une cellule CM de notre base de données (CM06). La forme en U de la fonction de base est compatible avec les 2 périodes importantes identifiées dans le train de PAs de la cellule CM à court et à long terme (Manette et Maier, 2004). La prédiction de la variation temporelle de l'EMG pendant une période de 400sec utilisant la fonction de base apprise et le train de PAs original en entrée a donnée une performance P=26,11%. Sachant que la prédiction ne se base que sur l'information d'une seule cellule CM, il s'agit d'une plutôt bonne performance, considérant que l'EMG est déterminé par la combinaison d'activité de nombreuses cellules CM et d'autres neurones.

X	p=1	p=2	p=3	p=4	p=5	p=6	p=7	p=8	SIN(t)		r
t=1	0	0	0	0	0	0	0	0	0	t=1	0
t=2	0	0	0	0	0	0	0	1	0,38268	t=2	0,38268
t=3	0	0	0	0	0	0	1	1	0,70711	t=3	0,7071
t=4	0	0	0	0	0	1	1	1	0,92388	t=4	0,92387
t=5	0	0	0	0	1	1	1	1	1	t=5	0,99999
t=6	0	0	0	1	1	1	1	1	0,92388	t=6	0,92387
t=7	0	0	1	1	1	1	1	1	0,70711	t=7	0,7071
t=8	0	1	1	1	1	1	1	1	0,38268	t=8	0,38268
t=9	1	1	1	1	1	1	1	1	5,67E-16	t=9	0
t=10	1	1	1	1	1	1	1	0	-0,38268	t=10	-0,38268
t=11	1	1	1	1	1	1	0	0	-0,70711	t=11	-0,7071
t=12	1	1	1	1	1	0	0	0	-0,92388	t=12	-0,92387
t=13	1	1	1	1	0	0	0	0	-1	t=13	-0,99999
t=14	1	1	1	0	0	0	0	0	-0,92388	t=14	-0,92387
t=15	1	1	0	0	0	0	0	0	-0,70711	t=15	-0,7071
t=16	1	0	0	0	0	0	0	0	-0,38268	t=16	-0,38268

TABLE 5.1: Représentation de la matrice X.

Les p=8 inconnues et les t=16 équations. Sur les 24 équations, s'agissant d'un cycle, certaines sont des doublons, nous ne représentons ici que les 16 originales d'une période. Au centre la sortie désirée correspondant à la valeur du sinus à un instant t. A droite la sortie calculée r pour chaque instant t.

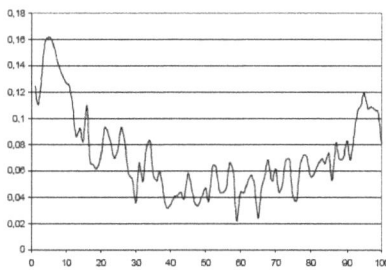

FIGURE 5.4: La fonction de base v apprise entre l'activité du cerveau (cellules CM) et l'activité d'un muscle (EMG). p=100 intervalles (correspondant à 400ms)

5.4.3 Comparaison avec un time-delay Multi-Layer Perceptron (TDMLP)

Nous avons précédemment examiné la fonction de transfert sur ces mêmes données avec l'aide d'un time-delay Multi-Layer Perceptron (TDMLP). Nous pouvons donc comparer les performances obtenues avec ce TDMLP (100 neurones d'entrées, 15 neurones dans la couche cachée avec une fonction de transfert sigmoïde, et un neurone de sortie avec une fonction de transfert linéaire; soit un total de 1515 poids synaptiques devant être déterminés) contre un seul TempUnit avec la même entrée (c.a.d. p=100 soit seulement 100 paramètres devant être déterminés). Afin d'obtenir la meilleure performance du TDMLP comme vu au chapitre III, nous avons entraîné 100 TDMLP sur les même données avec pour chacune une initialisation aléatoire des poids de Nguyen-Widrow afin de conserver celui ayant les meilleures performances sur les 100. Basé sur l'activité de 24 cellules CM et de leurs activités EMG correspondantes, la performance moyenne du mapping entrée-sortie est de 8,90% pour le TDMLP contre 29,37% pour le TempUnit.

Sur ces données biologiques, nous constatons donc que les performances du TempUnit sont bien meilleures que celles du TDMLP. Une explication probable pour ce gain de performance du TempUnit pourrait résider dans l'inspiration biologique du TempUnit qui mimerait le mécanisme biologique du système CM bien mieux que pourrait le faire un TDMLP. De plus, et à la différence du TDMLP qui est une boite noire, le TempUnit fournit une fonction de base explicite, il est donc difficile de définir la fonction inverse, ce qui est possible avec un TempUnit comme le sera expliqué plus tard dans ce chapitre.

5.4.4 Détection et génération de SPS

La majorité des réseaux de neurones artificiels se basent sur la propagation de variables continues d'une unité à une autre (Rumelhart et McClelland, 1996). Alors que nombres d'études (Abeles, 1991 ; Thorpe et al., 1996 ; Rieke et al., 1997) ont suggéré l'utilisation de séquences précises de spikes dans les réseaux de neurones biologiques. Dans la version du modèle TempUnit présentée plus haut, bien qu'elle accepte une entrée binaire, sa sortie est une valeur continue. Seulement, notre modèle doit recevoir des séquences précises de spikes [3] en entrée pour pouvoir délivrer une sortie appropriée. Nous devons comprendre comment des séquences précises de spikes (SPS) peuvent être générées et détectées. Ce SPS peut être le résultat de plusieurs neurones, il s'agit dans ce cas d'un codage spatiotemporel (Cf. figure 5.5A) ou d'un seul neurone et il s'agit d'un codage temporel (Cf. figure 5.5B). Pour comprendre cela nous avons ajouté au modèle TempUnit la possibilité de produire des spikes à partir de l'activité de potentiel membranaire r_t. Ainsi, dès que la valeur r_t aura dépassé un certain seuil, le TempUnit émettra un potentiel d'action. Nous pouvons ainsi utiliser TempUnit comme détecteur de séquences précises de spikes (SPS) en modulant de façon adéquate sa fonction de base $\mathbf{v}$. En détail, la fonction de base possède une valeur plus forte aux instants précis d'arrivée des spikes du SPS détecté mais de manière inversé (Cf. figure 5.6). Les autres positions sont soient simplement inférieures, soient nulles (figure 5.6B), soient négatives (figure 5.6C). La largeur des pics peut-être plus ou moins resserrée en fonction de la précision temporelle souhaitée. La valeur seuil est ensuite déterminée comme étant soit la valeur maximale pouvant être atteinte par le potentiel membranaire r, soit comme étant inférieur en fonction de l'exigence de détecter comme positif, un train plus ou moins semblable au patron désiré. La valeur maximale pouvant être atteinte par le potentiel correspond à la somme de l'amplitude de tous les pics de la fonction de base. Dans le cas, où le patron souhaité est reçu par le TempUnit, le potentiel membranaire augmente mécaniquement de façon à dépasser la valeur seuil dès que le dernier spike du patron à détecter est reçu et est bien placé (figure 5.6D). Dans le cas où le train de PAs reçu diffère du patron souhaité, le TempUnit peut être plus ou moins permissif suivant sa fonction de base. Par exemple, dans le cas où un spike est décalé par rapport au patron désiré comme dans la figure 5.7A où le 3eme spike, au lieu d'arriver au temps $t = 6$, arrive au temps $t = 7$. La figure 5.7B nous montre les comportements des TempUnit de

---

3. SPS définie section 4.6.1

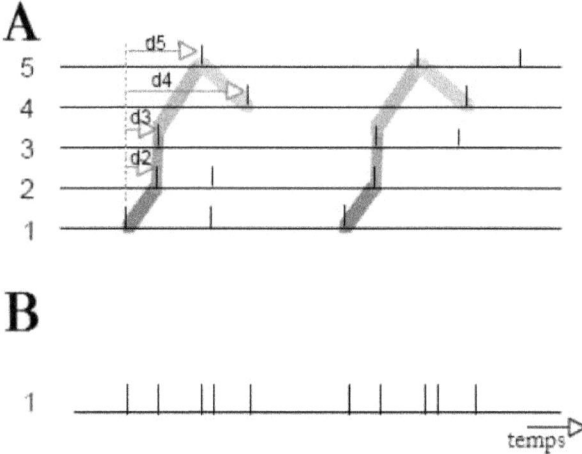

FIGURE 5.5: Codages temporels par SPS.

A. codage spatio-temporel basé sur 5 neurones.
B. Codage temporel par émission d'uns SPS par un seul neurone.
Le codage en A est le même que le codage en B. En A les 5 neurones convergent vers la même épine dendritique du neurone postsynaptique. En B un seul neurone envoie la même séquence de spike.

type B (figure 5.6B) et C (figure 5.6C). Nous voyons qu'aucun des 2 TempUnits ne voit son potentiel membranaire dépasser le seuil : le patron n'est pas reconnu. Dans le cas où le patron est "pollué" par la présence d'un spike supplémentaire à la position $t = 5$: figure 5.7C. Nous voyons que le patron est reconnu par le TempUnit de type B tandis qu'il ne l'est pas par le TempUnit de type C (Cf. figure 5.7D).

Pour réaliser un générateur de patrons de spikes, la fonction de base du TempUnit possède aux moments précis d'émission des spikes dans le patron une valeur supra-seuil. En combinant 2 TempUnit, un qui détecte un certain patron et un qui émet un spike en cas de détection suivi d'un TempUnit qui génère un autre train de PAs. Nous avons ainsi un système qui détecte un certain patron spécifique et qui répond par un autre patron.

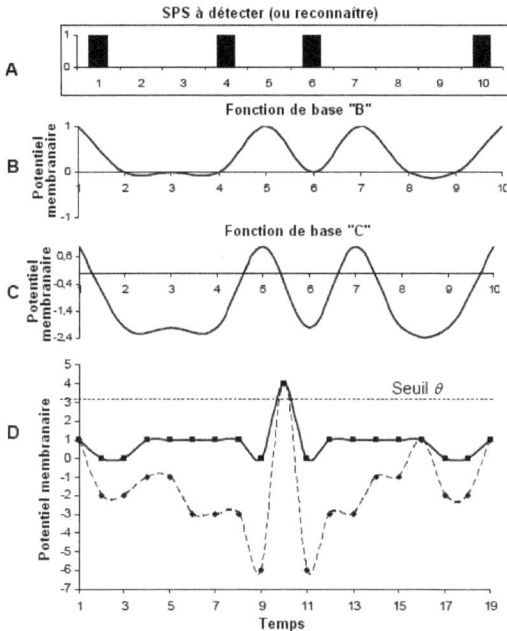

FIGURE 5.6: Détection de SPS par un TempUnit.

A. SPS à détecter.

B et C. deux types de fonctions de bases permettant de détecter ce SPS.

D. variation du potentiel membranaire r_t des TempUnits de type B (en gras) et de type C (en pointillé) dans le cas ou le SPS à détecter est émis au temps $t = 1$ par un (codage temporel) ou plusieurs neurones (codage-spatio-temporel) présynaptiques.

La valeur seuil est indiquée par une ligne discontinue.

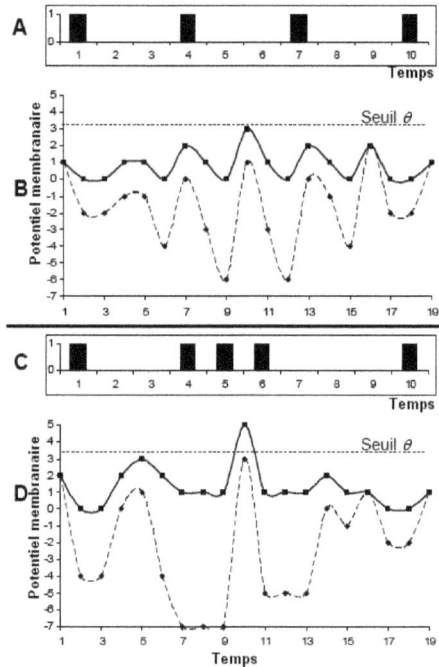

FIGURE 5.7: Variation du potentiel membranaire du TempUnit pour 2 différents trains de PAs.

A. train de PAs où un spike a été décalé par rapport au patron détecté.
B. le comportement des TempUnits de type B (ligne continue) et C (ligne pointillée) pour le patron montré en A.
C. un spike a été rajouté en position 5 par rapport au patron désiré
D. comportement des TempUnits de type B (ligne continue) et C (ligne pointillée) pour le patron montré en C.

5.5 Fonctions inverses

5.5.1 Fonction inverse

Dans certaines applications, et particulièrement dans des applications de contrôle moteur, il est nécessaire de déterminer à l'avance quelle sorte d'entrée (par exemple une commande motrice) est capable de produire une sortie particulière (par exemple la trajectoire d'un mouvement). On distingue traditionnellement quatre étapes entre la définition d'un but et la distribution des forces (Atkeson et Hollerbach, 1985 ; Kalaska et Crammond, 1992) permettant l'exécution. En premier il y a donc le choix de la trajectoire, puis le calcul de cette trajectoire, la cinématique inverse ou transformation de coordonnées et en dernier la dynamique inverse ou le calcul des couples. Le modèle TempUnit nous permet de réaliser la fonction inverse qui consiste à déterminer l'entrée correcte pour une sortie désirée. Afin d'obtenir la fonction inverse, nous formulons un système d'équations et d'inéquations linéaires de façon à ce que la résolution de ce système nous donne la valeur de l'entrée x. Afin de pouvoir résoudre ce système, nous devons connaître au moins p valeurs consécutives de la sortie r_t. Nous devons aussi connaître les p valeurs v_i de la fonction de bases. Avec toutes ces valeurs, nous pouvons écrire $p - 1$ équations 5.5 et une équation 5.6 :

$$r_{t-j} = \sum_{i=1}^{p-j} x_{t-i-1} v_{i+j} + K_j \text{ pour j=1 à p-1} \tag{5.5}$$

$$r_t = \sum_{i=1}^{p} x_{t-i-1} v_i \tag{5.6}$$

Dans les équations 5.5et l'équation 5.6, les inconnues à déterminer sont les x_t et les K_j. Nous avons donc pour l'instant, seulement p équations pour $2p - 1$ inconnues. Nous pouvons toutefois écrire des inégalités représentant les caractéristiques des entrées et sorties afin de devenir capable de résoudre ce système. Ainsi, si l'entrée est binaire, alors :

$$0 \leq u_i \leq 1 \text{pour i=1 à p} \tag{5.7}$$

Et

$$0 \leq K_j \leq \sum_{i=1}^{j} v_i \text{ pour j=1 à p-1} \tag{5.8}$$

Nous avons ainsi, un système soluble de $2p-1$ équations et inéquations pour un total de $2p-1$ inconnues.

5.5.2   Fonction inverse interpolée

Dans certaines applications de contrôle moteur, nécessitant de calculer une fonction inverse, il peut être plus simple de n'avoir à connaître que le point initial A et le point final B du mouvement souhaité sans avoir à connaître tous les points intermédiaires. Le point initial étant l'état actuel du système, le seul élément nouveau à fournir serait donc le but à atteindre. Le calcul inverse devrait fournir une solution pour déterminer de façon simple tous ces points intermédiaires. Au niveau de l'EMG, point initiaux A et but à atteindre B sont décrits sous la forme d'une activité EMG. La première étape consistant à utiliser la fonction inverse classique présentée plus haut afin de déterminer pour A et pour B les entrées sous la forme de 2 trains de PAs. Nous pouvons ensuite représenter A et B dans un système de coordonnées commun. Le but étant de se servir de ce système de coordonnées pour calculer une trajectoire et la distance $\overline{AB}$ dans ce système. Ainsi chaque transition possible modifiera la distance vers B jusqu'à l'annulation. Dans le système que nous décrivons une transition possible se manifeste lorsque à chaque instant nous déterminons si le neurone doit emmètre un potentiel d'action ou non afin de réduire la distance vers B et finalement atteindre B. Décrivons maintenant le procédé :

Considérant qu'un train d'événements binaires peut être décrit dans le domaine fréquentiel et dans le domaine temporel, nous souhaitons appliquer ces deux domaines de description du signal d'entrée dans un système de coordonnées à 2 dimensions. En effet, pour ce qui concerne les trains de PAs biologiques, le codage en fréquence et en temporel ont été de nombreuses fois documentées (par ex. :(Rieke et al., 1996)). Pour ce qui suit, chaque vecteur $\mathbf{x}_t$ a une coordonnée spécifique dans notre système correspondant à ses aspects fréquentiel et temporel.

Soit l'état initial A ayant comme vecteur d'entrée $\mathbf{X}_A$, représenté dans le système par les coordonnées ϕ_A et τ_A :

$$\mathbf{X}_A = \{\phi_A + \tau_A\} \tag{5.9}$$

Nous pouvons alors calculer ϕ_A exprimant la fréquence moyenne de décharge de l'entrée de la manière suivante :

$$\phi_A = \sum_{i=1}^{p} x_{t-i-1} \tag{5.10}$$

Et τ_A exprimant le codage temporel :

$$\tau_A = \sum_{i=1}^{p} 2^i \cdot x_{t-i-1} \tag{5.11}$$

Après avoir calculé les coordonnées $\mathbf{X}_A$ pour le vecteur A et aussi les coordonnées $\mathbf{X}_B$ pour le vecteur B, la distance $\overline{AB}$ peut être calculée dans ce système de coordonné. Pour chaque transition (arrivant à chaque instant), il est possible de déterminer si l'émission ou non d'un potentiel d'action est en mesure de minimiser la distance vers B. Le vecteur de transition $\mathbf{a}$, a pour coordonnées a_ϕ et a_τ. Sa composante en fréquence peut être calculée :

$$a_\phi = \phi_{t+1} - \phi_t = x_t - x_{t-p-1} \tag{5.12}$$

Et pour sa composante temporelle :

$$a_\tau = \tau_{t+1} - \tau_t = \sum_{i=1}^{p-1} 2^i \left(x_{t-i} - x_{t-i-1} \right) + 2^p \left(x_t - x_{t-1} \right) \tag{5.13}$$

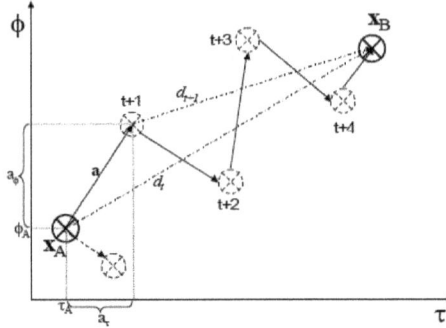

FIGURE 5.8: Illustration schématique de l'algorithme de fonction inverse interpolée.

XA : état initial, XB : état final. Les états intermédiaires sont atteins aux temps
t=t+1, t+2, t+3 et t+4

L'activité du neurone x_t au nouvel instant t est la seule inconnue des 2
équations précédentes. La nouvelle activité x_t qui devra être produite par le
neurone sera celle qui minimisera la distance d vers B :

$$d = \sqrt{(\phi_A - \phi_B + a_\phi)^2 + (\tau_A - \tau_B + a_\tau)^2} \qquad (5.14)$$

Cette procédure appliquée de façon itérative jusqu'à ce que $d = 0$ conduit à
l'état final souhaité B. Toutefois, contrairement à la fonction inverse classique,
la fonction inverse interpolée est une heuristique et ne garantie pas d'atteindre
B dans tous les cas. Il est en effet toujours possible théoriquement de tomber
dans un minimum local. Cette heuristique ne garantie pas non plus le plus court
chemin surtout si ce dernier nécessite d'augmenter temporairement la distance
de B.

5.5.3   Activité EMG

L'espace mémoire nécessaire pour stocker un train de potentiel d'action CM
avec sa fonction de base lesquels sont nécessaires pour recomposer le signal EMG,

peuvent être comparés à l'espace mémoire nécessaire pour stocker le signal EMG original. Pour cet exemple, nous avons utilisé les données issues de trois neurones CM enregistrés simultanément (CM04, CM05 et CM06) et ayant le même muscle cible (Abductor Pollicis Brevis : AbPB). Pour chacun des couples CM-EMG, trois fonctions de bases ont été calculées de manière indépendante par apprentissage supervisé. Ces trois fonctions de bases ont ensuite été utilisées en concurrence pour décomposer le signal EMG cible à l'aide du procédé de fonction inverse standard. De cette manière trois nouveaux trains de potentiels d'actions synthétiques ont été générés guidant le procédé de combinaison des fonctions de base de manière à obtenir un EMG artificiel le plus proche possible de l'EMG biologique. La figure suivante montre l'activité EMG enregistrée (trait gris) sur une période de 20s et la sortie du réseau à trois TempUnit correspondante (l'EMG artificiel, trait noir). Les trois fonctions de base apprises sont montrées dans la partie C de cette figure.

En comparant le signal EMG original à celui calculé par le TempUnit, on obtient une performance du réseau P=64%. Les performances d'apprentissage individuelles pour chaque neurone CM par rapport à ce même EMG était 34,1%, 25,7% et 26,1% pour CM04, CM05 et CM06 respectivement.

La somme des performances indépendantes est plus grande que les performances du réseau. Cela suggère que les cellules CM individuelles ont une activité de décharge redondante les unes par rapport aux autres dans un même pool. Cette redondance avait déjà pu être devinée en considérant les populations de neurones CM qui montrent des patrons de décharge similaires (Cheney et Fetz, 1980). d'autre part, les trains de PAs artificiels générés par le TempUnit présentent une claire ressemblance avec l'activité biologique. Et c'est particulièrement vrai pour 2 d'entre elles : CM04 et CM06. Les activités CM04 biologique et artificielle sont phasiques. Les activités CM6 calculée et enregistrée sont toutes les 2 toniques.

Pour cette période de 20s l'algorithme de fonction inverse classique a généré un total de 2878 potentiels d'action et obtenu une performance de reproduction du signal EMG biologique P=64%. Le stockage de ces 2878 spikes et de leurs

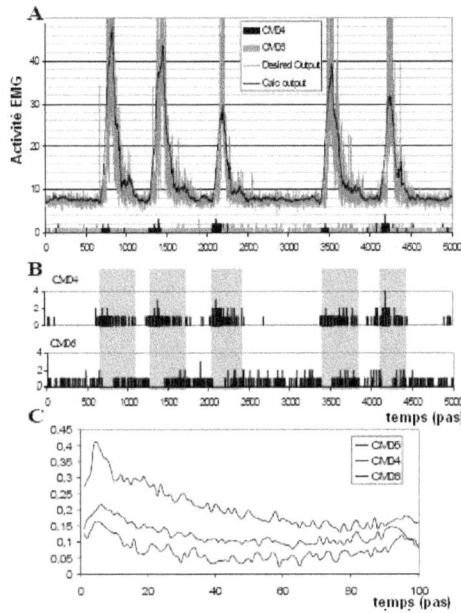

FIGURE 5.9: Calcul direct et inverse sur des données biologiques.

A. EMG enregistré montrant 5 bursts d'activités liés à la tâche (trace grise).
La sortie du réseau TempUnit (trace noire). Dans le bas, l'activité de décharge
généré par l'algorithme inverse du TempUnit.

B. trains de PAs synthétiques générés par 2 TempUnit ayant reçu les fonction
de base de CM04 et CM06 sur les trois au total. Nous avons omis le troisième
TempUnit de la figure car il n'avait que très peu de spikes. Les zones grisées représentent les périodes d'activité phasique de l'EMG. Notez que CM04 présente
une activité plutôt phasique tandis que CM06 est plutôt tonique.

C. Les fonctions de base pour chacun des trois TempUnits déterminés par apprentissage supervisé.

fonctions de base correspondent à un taux de compression de 3,1 :1. C'est-à-dire que les PA avec les fonctions de base occupent 3,1 fois moins d'espace mémoire que l'EMG original avec comme contre partie une perte partielle de données puisque seulement 64% du signal EMG est reproduit.

5.6 Apprentissage non-supervisé

Application à la compression de données. La compression de données est une question majeure en traitement du signal. Et ceci particulièrement dans les domaines de la transmission de données, pour le stockage de l'information mais aussi en intelligence artificielle. En particulier dans le contexte où la décomposition du signal peut être vu comme un processus intelligent de reconnaissance. La compression du signal intervient dans la mesure où il peut être plus efficace de stocker le processus de recomposition d'un signal plutôt que de stocker le signal lui-même. Et ceci est en quelque sorte similaire au cas où le signal EMG peut être stocké par de multiples trains de potentiels d'action. Habituellement pour décomposer un signal, il est nécessaire d'avoir une fonction de base et notre cas ne fait pas exception à la règle. Hormis le fait que la fonction de base du TempUnit est modifiable et même adaptable au signal souhaité par apprentissage supervisé à l'aide d'un ensemble de couples entrées/sorties. Mais il est également possible d'adapter l'apprentissage de la fonction de base pour les cas où un tel ensemble n'est pas disponible ou n'existe pas. C'est ce que nous allons voir maintenant et illustrerons notre propos avec la compression d'un signal audio. En effet, dans ce cas, il n'existe pas de couple entrée/sortie mais seulement une sortie désirée sous la forme d'un signal audio. Nous générerons donc dans un premier train de potentiels d'action basé sur des caractéristiques intrinsèques au signal audio, ce qui permettra par la suite d'optimiser de façon itérative la fonction de base.

5.6.1   Signal audio

Nous avons testé le niveau de compression de TempUnit sur 2,3s d'un signal audio samplé à 44,1KHz depuis un CD de Maceo Parker. Une partie de
ce signal est montré sur la figure suivante. Nous avons utilisé un algorithme
d'apprentissage semi-supervisé afin de coder le signal audio en un train de potentiels d'action artificiels et en fonction de base : dans un premier temps les
potentiels sont placés en fonction de la dérivée du signal audio, c.a.d. des hautes
fréquences de potentiels pendant les périodes de fortes dérivés du signal audio.
Que cette dérivée soit positive ou négative. Et aucun potentiel d'action pendant
les périodes de faibles dérivés du signal audio. Ensuite, de manière itérative, une
fonction de base est déterminée par apprentissage supervisé suivi de l'application de la fonction inverse afin de replacer les potentiels d'action de manière
mieux appropriée et ainsi de suite jusqu'à saturation de l'apprentissage.

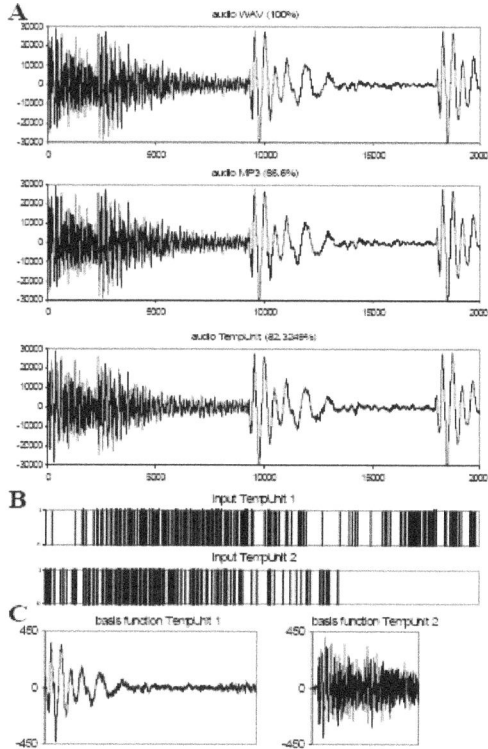

FIGURE 5.10: Compression de données audio à l'aide d'un réseau composé de 2 TempUnit.

A. En haut : signal audio original ; au milieu : le même signal audio reproduit par l'algorithme MP3 ; en bas : le même signal audio reproduit par l'algorithme TempUnit.
B. Les trains de potentiels d'action artificiels générés par les 2 TempUnits.
C. Les deux fonctions de bases des 2 TempUnits.

La seconde fonction de base a été choisie pour être deux fois plus courte que la première. Nous pouvons constater que la première fonction de base a capturé un contenu de plus basse fréquence que la seconde. Cela suggère que la longueur

	Original data	MP3	TempUnit
Performance	100%	86%	83%
Taux de compression	1 :1 (18.2 Mo)	1 :12.6 (1.49 Mo)	1 :70 (266.5 KB)

TABLE 5.2: Comparaison des performances et du taux de compression des algorithmes MP3 et TempUnit.

de la fonction de base pourrait être en relation avec son contenu fréquentiel. Le taux de reproduction (performance : l'inverse de l'erreur) du réseau TempUnit est similaire à celle de l'algorithme MP3 à 56Kbps.

Le taux de compression de TempUnit calculé sur cet exemple est 5,7 fois supérieur à celui obtenu par MP3. Cela indique, que relativement aux performances, le taux de compression de TempUnit est supérieur à MP3. Il faut pourtant relativiser ce résultat parce que le taux de compression de TempUnit dépend directement de la complexité du signal. En effet, plus le signal est complexe et plus il faut de TempUnits supplémentaires dans le réseau et moins la compression est grande. Nous avons néanmoins utilisé pour réaliser la comparaison des données identiques entre MP3 et TempUnit, ce qui est donc un premier indicateur. Mais pour conclure définitivement sur les performances relatives de TempUnit et de MP3, il faudrait réaliser de multiples compressions sur des données de complexité variées.

Le fichier contenant les informations nécessaires pour la reconstitution de 83% du signal audio original par le modèle TempUnit contient les 2 trains de PAs avec leurs deux fonctions de base associées. La première fonction de base a une longueur de 10'000 points avec une résolution de 2 octets occupera donc un espace mémoire de 20'000 octets (19,53Ko). La seconde fonction de base, moitié moins longue occupe 10'000 octets (9,77 Ko). 80'125 potentiels d'actions sont nécessaires pour le premier train et 41'343 pour le second TempUnit. Soit un total de 121'468 potentiels qui occupent un espace mémoire de 2 octets chacun soit 237Ko. Le fichier complet occupe donc 266,5Ko.

5.7   Conclusion

Le réseau feed-forward TempUnit a montré des capacités particulières pour
le traitement de signaux temporels. Il est basé sur le mécanisme de sommation
temporelle tel qu'il a été observé dans les neurones biologiques. Afin de tester les capacités du modèle, nous l'avons utilisé dans un premier temps dans
un contexte naturel pour un modèle biologique, c'est-à-dire, avec des données
biologiques. Nous avons pour cela utilisé les enregistrements de données corticales issues des neurones CM associées aux enregistrements EMG chez le singe
pendant la réalisation d'une tâche motrice. Et comparées les performances obtenues avec ses données par le modèle TempUnit et un TDMLP. Comparées
à un TDMLP, TempUnit a montré des performances 2,3 fois meilleures en association de l'EMG à l'entrée binaire CM. Et ceci avec un modèle contenant
15 fois moins de paramètres (100 pour TempUnit contre 1515 pour TDMLP).
Nous avons ensuite montré qu'il est aisé avec TempUnit de réaliser la fonction
inverse consistant à calculer la commande à partir de la sortie. Et c'est ce que
nous avons souhaité prouver en calculant le taux de compression pouvant exister
entre l'activité CM et l'activité EMG. En effet, pour cela, nous avons recalculé
les activités CM à partir de l'activité EMG souhaitée et de 3 fonctions de bases
expérimentales. Les activités CM synthétiques recalculées se sont montrées tout
à fait compatibles avec les activités biologiques. La fonction inverse du TempU-
nit s'est montrée apte à calculer les activités de trois neurones CM en simultanés.
Par contre, du point de vue du taux de compression, nous avons trouvé un taux
de compression de 3,1 :1 pour une reproduction du signal EMG de 64% avec un
réseau TempUnit comprenant 3 unités. Ce taux est relativement faible et peut
être une conséquence de la forme en U des fonctions de base. Cette forme est
très certainement la conséquence des mécanismes et des contraintes biologiques
existant au niveau musculaire et spinal. Or ces contraintes ne sont très certainement pas optimales pour garantir un taux de compression élevé. Au contraire,
un neurone CM peut coder à lui tout seul jusqu'à environ un tiers de l'activité
EMG et la population de neurones CM ont des patrons d'activités relativement

redondants : Nous pouvons en déduire qu'un fort niveau de redondance existe
dans l'activité globale des pools de neurones CM vers leur muscle cible. Et ceci
aurait pour conséquence de favoriser au contraire la fiabilité de la communication grâce à la redondance. Il serait alors possible de transmettre l'information
sur l'activité EMG souhaité malgré des neurones biologiques qui ne serait pas
fiable : imprécis ou soumis à des erreurs de communication ou de transmission.
Nous obtenons un niveau de compression biologique des plus faibles, mais nous
avons néanmoins souhaité testé les capacités de compression du modèle TempUnit sans toutes ces contraintes biologiques. Nous avons pour comprimé un
signal audio avec TempUnit et comparé la compression de ce même signal avec
l'algorithme du standard MP3. Pour une qualité de reproduction similaire, mais
légèrement à l'avantage de MP3, nous avons trouvé un taux de compression 5,7
fois supérieur pour TempUnit par rapport à MP3. Mais ce taux est à relativiser,
bien qu'il puisse fournir une première indication, sachant que nous n'avons testé
que sur un seul fichier sonore et qu'il faudrait au mieux tester sur des signaux
variés de différentes qualités et complexité.

La spécificité et la nouveauté de TempUnit tiennent en 6 points.

i) la transformation d'un signal binaire (activité d'un neurone) en un signal
temporel analogique (activité EMG ou potentiel membranaire post synaptique).

ii) l'utilisation de la sommation temporelle guidée par le signal entrant.

iii) les capacités de dilatation temporelle lui permettant d'accélérer ou de
ralentir un signal dans le sens fonction directe ou de reconnaître un signal dilaté
ou accéléré dans le sens fonction inverse.

iv) les capacités d'acquisition d'une fonction de base optimisée sur les données par apprentissage supervisé. Cet apprentissage est équivalent à la résolution d'un système d'équation linéaire, un seul passage des exemples suffit pour
converger vers une solution.

v) les possibilités de calcul inverse

vi) l'assemblage en réseau lui permettant d'augmenter ses capacités de codage.

En résumé, le modèle TempUnit bien que inspiré de la biologie, combine certains aspect de la transformation en ondelettes (la dilatation temporelle) et d'autres aspect des filtres FIR (une fonction de base non analytique et optimisée). En combinant ces aspects, le TempUnit devrait être plus performant que ces deux modèles.

Les limites de la version actuelle du modèles TempUnit ont été recensées au nombre de 3 : Cela concerne d'abord la durée de la fonction de base qui est définie par l'utilisateur. l'auto optimisation de la taille de la fonction de base est prévue et pourrait être liée au contenu fréquentiel du signal tel que cela a été observé avec le contenu fréquentiel des fonctions de base dans l'exemple audio. Ensuite, le nombre de fonctions de base (c.a.d. le nombre d'unités dans le réseau) est également défini par l'utilisateur. Il existe néanmoins une solution analytique permettant d'optimiser le nombre d'unités à la complexité du signal. Cette solution est largement débattue en annexe de ce document. Enfin, le modèle TempUnit a toujours besoin d'une entrée binaire, ne serait-ce que pour déterminer sa fonction de base. Et ceci, même si un tel signal n'est tout simplement pas disponible. Mais comme illustré dans l'exemple audio, une entrée peut être générée à partir de la seule sortie désirée (le signal audio) et être optimisé de manière itérative jusqu'à obtenir un codage de la sortie que nous avons trouvé très compact et concise.

Pour la suite, nous avons comparé les caractéristiques du TempUnit à celles d'autres réseaux de neurones de type feed-forward. Nous avons particulièrement mis l'accent sur les réseaux TDMLP pour leur équivalence aux réseaux FIRNN. Il est en effet d'un intérêt particulier d'étudier les réseaux FIRNN, en raison des points communs existant entre les filtres FIR et TempUnit. Nous rappelons que les FIRNN sont des sortes de réseaux TDMLP avec des synapses FIR.

a) Un TDMLP réalise une conversion temps espace dans la mesure où chaque unité de la couche d'entrée d'un TDMLP traite un intervalle de temps particulier. Au contraire TempUnit réalise des opérations temporelles de façon native. Aucune conversion de ce type n'a donc lieu étant donné que son principe se base directement sur le mécanisme de sommation temporelle tel qu'observé dans les neurones biologiques. Il en résulte que TempUnit peut aisément passer des opérations en temps discrets tels que ceux décrits dans le présent chapitre dans des opérations en temps continus. Un tel passage est difficilement envisageable avec un TDMLP.

b) Les TDMLP et les réseaux récurrents ne fournissent pas de fonction de transfert explicite. Il est donc difficile d'interpréter et de formaliser l'activité de ces réseaux. Le modèle TempUnit fournit au contraire une fonction de transfert explicite. Ceci permet en retour un calcul simplifié de la fonction inverse.

c) Les TDMLP et les réseaux récurrents ont des règles d'apprentissage relativement complexes tel que l'algorithme de back-propagation. Ces dernières sont de plus sensibles à l'initialisation et aux problèmes des minimums locaux ne donnant pas nécessairement la meilleure solution. A l'inverse, la règle d'apprentissage de TempUnit est simple et se résout de la façon d'un système d'équation linéaire surdimensionné qui est un problème bien connu. Cela permet donc, de trouver à coup sur une solution s'il en existe une, mais aussi, un apprentissage rapide en un seul passage de l'ensemble des données.

d) Il n'existe en général aucune heuristique claire et fiable permettant d'optimiser l'architecture d'un TDMLP ou d'un réseau récurrent. A l'opposé, il existe une relation directe entre les capacités de codage d'un réseau TempUnit et son architecture. Cette relation est largement débattue et démontrée en annexe de ce document.

Dans la mesure où l'apprentissage supervisé du réseau TempUnit est équivalent à la résolution d'un système d'équation linéaire, rien n'interdit d'utiliser en lieu et place de l'activité binaire d'entrée une activité analogique. Cela donnerait au modèle TempUnit des possibilités bien plus grandes que celle montrées ici.

Chapitre 6

DISCUSSION GÉNÉRALE

Notre étude du système CM s'est basée sur l'hypothèse qu'il existe un modèle interne (Kawato, 1999) situé en amont des neurones CM capable de déterminer pour le mouvement souhaité l'activité EMG que doivent prendre les différents muscles afin d'exécuter correctement le mouvement. La sortie de ce modèle interne serait, dans le cadre de mouvements indépendants et précis des doigts, située au niveau des neurones CM (Bernhard et al., 1953). Les activités EMG des muscles des doigts impliqués dans ces mouvement seraient ainsi une conséquence directe des activités des neurones CM. Si l'hypothèse est exacte, nous devrions pouvoir calculer ou prédire l'activité EMG des muscles cibles à partir de l'activité des neurones CM d'une colonie. En partant du principe spatial, la première hypothèse que nous avons faite est que le système CM a une architecture de type de réseau feedforward. Cela signifie que les activités des neurones CM sont pondérées par un coefficient synaptique et combinées ou sommées de manière linéaire afin de former l'EMG. La seconde hypothèse que nous avons faite est qu'il s'agit de la fréquence de décharge des neurones CM qui est la grandeur pondérée et combinée aux autres activités en fréquence des autres neurones CM pour former l'EMG. La troisième hypothèse concerne les coefficients synaptiques mesurés expérimentalement par l'amplitude de la facilitation post-spike, le MPI (Bennett et Lemon, 1996). Cette hypothèse avait été proposée par Bennett et Lemon en 1996 en utilisant sur la même tâche comportementale, le même type de données que nous avons utilisé. Ils avaient enregistrés 15 cellules CM chez

2 singes. Chaque cellule CM sélectionnée produisait un PSF dans au moins 2 muscles intrinsèques. Ils ont analysés des données qu'ils ont sélectionnées de façon à ce que l'activité d'un des muscles cible soit substantiellement plus grande que l'activité de l'autre muscle cible. Ils ont mesuré la fréquence moyenne de décharge de chaque cellule CM et comparé avec l'activité des muscles cibles sélectionnés. Ils ont trouvé 3 groupes de cellules CM : le set A regroupe des cellules CM (9 cellules) qui montraient une augmentation de la fréquence de décharge pendant la période de mouvement par rapport à la période de maintien corrélé avec l'augmentation de l'activité des muscles cibles. Le PSF augmente aussi pendant la période d'activité par rapport à la période de maintien. Le set B regroupe 4 neurones CM qui ont présenté des caractéristiques identiques aux neurones du set A, à l'exception de la fréquence de décharge du neurone CM qui est plus forte pendant la période hold par rapport à la période de mouvement. Le set C a regroupé 2 neurones qui n'ont pas montré de variations significatives de leurs activités ni du PSF pendant les périodes de mouvement par rapport aux périodes hold. L'auteur en conclu que les variations d'activité CM associées à un degré de facilitation différent contribuent ensemble à des activations différentes de leurs muscles cibles. Le PSF varierait au cours du temps, en fonction des besoins, modulé par un contrôle qui se trouverait au niveau spinal, précisent les auteurs. Ce modèle n'est de plus valable que sur une partie de leurs données (le set A) qui constitue néanmoins la majorité : 9 neurones sur les 15. Ces résultats sont donc à vérifier.

Afin de vérifier ces hypothèses, nous avons alors sommé les fréquences de décharges de plusieurs neurones d'une colonie ayant le même muscle cible. Puis chaque fréquence de décharge a été pondéré par le MPI. Ainsi, ii ces hypothèses sont exactes, nous devrions voir l'erreur diminuer entre notre calcul et l'EMG rectifié à mesure que l'on ajoute des informations supplémentaires provenant de neurones CM. De plus, si le MPI est effectivement le poids synaptique, il devrait y avoir une relation entre l'erreur calculée entre fréquence CM et EMG rectifié et la valeur du MPI. En effet, considérant par définition que plus un poids synaptique est fort et plus l'influence d'un neurone sur les structures post-synaptiques est forte, nous devrions trouver une erreur moindre pour les MPI fort et inversement pour les MPI faibles. Or une ou plusieurs de nos hypothèses n'ont pu être confirmées étant donné que les résultats n'ont pas permis de dégager de nettes tendances dans ce sens. En effet, nous avons constaté dans un premier temps que la fréquence de décharge des neurones CM lorsqu'elle est utilisée telle-quelle n'est pas à même de donner une bonne approximation de l'activité EMG. Nous avons pu nous en rendre compte lorsque l'erreur a été calculée entre la fréquence de décharge moyenne d'un neurone CM et l'activité EMG d'un muscle cible pour la tâche de préhension entre le pouce et l'index. En plus, l'ajout de neurones supplémentaires au calcul n'a pas montré une tendance claire, ni à la diminution ni à l'augmentation de cette erreur. D'autre part, nous avons pu constater un délai entre le pic d'activité en fréquence des neurones CM et le pic d'activité EMG de leurs muscles cible. Ce délai a été observé comme très variable, pouvant atteindre plusieurs centaines de millisecondes avant le pic d'activité EMG ou une centaine de millisecondes après. Du fait même de ce délai important, il n'est pas possible d'utiliser directement la fréquence telle-quelle pour le calcul de l'EMG. Car cela entraine irrémédiablement une erreur considérable considérant que les pics d'activités des deux courbes ne sont pas au même endroit. Nous n'avons donc pas exclu l'usage de la fréquence. Mais le modèle utilisé, de type réseau feed-forward linéaire, est visiblement faux. Ce modèle, en plus de ne pas pouvoir donner une prédiction satisfaisante de l'EMG, n'explique pas non plus comment intégrer ce délai à long terme entre les pics d'activité fréquence CM et EMG. Le modèle n'explique pas non plus comment peut-il y avoir à la fois un délai de transmission relativement court de l'ordre d'une dizaine de millisecondes et donnant lieu à un PSF au niveau de l'EMG avec un délai pic à pic pouvant être aussi important, c'est-à-dire de l'ordre de la centaine de millisecondes? Un des défauts ou simplification de ce modèle spatial est le manque d'une fonction de transfert représentant les motoneurones. Ce modèle faisait un lien direct entre la colonie des cellules CM et l'EMG cible. Or les motoneurones introduisent une fonction de transfert non-linéaire entre leurs entrées et sortie. De plus, les motoneurones sont la cible de convergence de plusieurs populations neurales autre que les cellules CM comme les afférences sensorielles ou les neurones subrospinaux qui participent aussi à la formation de l'EMG. Nous avons alors tenté d'élaborer un nouveau modèle de transformation de l'activité CM en activité EMG.

Nous devions alors comprendre dans un premier temps, où sont situées les informations importantes dans le train de PAs originel? C'est ce que nous avons fait avec notre étude du train de potentiels d'action CM avec un perceptron multi-couches (TDMLP). Nous avons alors trouvé que pour pouvoir prédire de manière optimale l'activité EMG à un instant donné à partir de l'activité d'un neurone CM, nous devions connaître son activité pendant un intervalle de temps d'une taille au moins égale au délai pic à pic à long terme que nous avions mesuré (fig. 3.5). Cet intervalle de temps devrait également prendre en compte les derniers spikes précédent l'instant t, moment où doit se faire la prédiction de l'activité EMG, et ceci de manière à prendre en compte également les effets à court terme tels que le PSF. C'est ainsi que nous avons utilisé une fenêtre basée sur cet intervalle comme entrée d'un TDMLP, afin d'apprendre, par apprentissage supervisé, la fonction de transfert existant éventuellement entre l'activité CM et l'EMG. Dans le cas où le TDMLP n'arriverait pas, par apprentissage, à trouver de fonction de transfert, nous pourrions affirmer qu'il n'existe pas de relation entre activité CM et EMG. Au contraire, si le TDMLP arrive par apprentissage à trouver une fonction de transfert, les performances de prédiction maximale de l'EMG à partir de l'activité CM serait une manière de calculer le niveau de corrélation existant entre activité CM et EMG. Nous avons réussi à prédire partiellement des activités EMG à partir de la seule information issue du train de potentiels d'action des neurones CM. Nous avons trouvé des performances maximales des TDMLP entraînés comprises entre 6 et 31%. Considérant que les performances maximales reflètent le niveau de relation existant entre activité CM et EMG, les niveaux de performance trouvés semblent donc relativement élevés. Puisque théoriquement, si les neurones CM fournissent des informations complémentaires les uns des autres, il suffirait que les colonies ne comptent que de 4 à 17 neurones pour fournir 100% de l'information pour produire un EMG. Et ceci serait sans compter un certain niveau de redondance au niveau des activités CM.

L'étude du train de PAs CM par TDMLP a présenté l'avantage de pouvoir masquer certaine zone du train de PAs pour en voir les conséquences, soit au niveau de l'apprentissage, soit au niveau de la prédiction de l'EMG après apprentissage. Nous avons alors cherché dans un premier temps à voir quelle était la relation entre la taille de la fenêtre et les performances d'apprentissage. Sans surprise, nous avons constaté que plus la fenêtre d'entrée du TDMLP est grande, plus les performances d'apprentissage sont importantes, jusqu'à atteindre un pallier à partir d'une certaine taille de la fenêtre. Cette taille a été très corrélée avec le délai pic à pic observé précédemment. Nous constatons que le délai entre le pic de fréquence CM et le pic d'activité EMG a une influence directe sur les performances d'apprentissage par l'intermédiaire de l'influence sur la taille de l'intervalle d'entrée. Nous avons ensuite cherché s'il existait des zones dans l'intervalle d'activité CM utilisé en entrée du perceptron, dont l'influence sur les performances d'apprentissage était plus importante que d'autres. Nous avons trouvé, fort logiquement, une relation directe entre le délai pic à pic à long terme et la position de la meilleure zone d'apprentissage dans la fenêtre d'entrée. Nous en déduisons que la fréquence devrait être utilisée pour la prédiction de l'activité EMG. Le modèle de transmission de l'information entre activité CM et EMG devrait certainement intégrer les potentiels d'action sur une période au moins aussi longue que le délai à long terme afin de prendre en compte la fréquence des spikes se trouvant à cet endroit.

En n'utilisant qu'une fenêtre d'entrée de taille réduite centrée sur le délai pic à pic à long terme, les performances d'apprentissage trouvées sont au maximum de ce qu'il est possible d'obtenir en plaçant la fenêtre à n'importe quel autre endroit du train de PAs. Mais ces performances, bien que maximum à cet endroit avec une fenêtre de taille réduite, sont quand même inférieures à celles obtenues avec une fenêtre plus grande prenant en compte une plus large zone de l'activité CM. Ceci suggère que, bien que la fréquence occupe une place importante dans la transmission d'information des neurones CM vers les muscles, il ne s'agit pas de la seule source d'information. D'autres zones de l'intervalle d'entrée contiennent aussi de l'information pouvant potentiellement être utilisée par le TDMLP afin de prédire l'activité EMG. Nous ne comprenons toujours pas quelle est l'influence réelle du PSF sur l'activité EMG. Nous ne savons pas non plus si le PSF possède une information exploitable par un modèle afin de prédire l'activité EMG. Nous nous sommes donc tournés vers la zone à court terme de manière à comprendre ces dernières interrogations. En réalisant l'apprentissage supervisé du TDMLP sur l'ensemble des zones à court et à long terme de la fenêtre d'entrée, nous avons ensuite, après apprentissage, masqué la zone à long ou à court terme au TDMLP afin d'observer l'influence sur la sortie. Nous avons constaté que lorsque la zone à court terme est masquée au TDMLP, les performances de prédiction sont dégradées mais le TDMLP peut néanmoins continuer à suivre grossièrement l'EMG. Par contre, si la période à long terme est masquée et que seule reste la période à court terme, le TDMLP ne semble plus pouvoir suivre du tout le décours temporel de l'EMG. En présentant à la fois la période à court et à long terme au TDMLP, à ce moment là, les performances sont maximales. Nous constatons donc par cette analyse qualitative que la période à court terme possède de l'information utile à la prédiction de l'EMG, car, ne pas la prendre en compte dégrade partiellement les performances de prédiction. De plus, l'information contenue à court terme ne semble pas exploitable sans utiliser en même temps l'information à long terme, alors que cette dernière le soit de façon indépendante. Nous avons voulu ensuite quantifier cette dépendance constatée qualitativement entre l'information à court et à long terme. Nous pouvons quantifier cette information en mesurant les performances d'apprentissage maximum atteintes en utilisant ou non la période à court terme. Nous avons observé que les performances étaient accrues de façon variable après utilisation de l'information à court terme. Mais de quels paramètres dépendent cette variabilité ? Nous avons trouvé une relation du gain d'apprentissage après utilisation de la période à court terme avec l'amplitude du PSF, le MPI. Il est intéressant de constater cette relation entre le MPI et le gain en performance puisque le PSF est par définition une petite augmentation de l'activité EMG en moyenne après un spike. Si nous imaginons que cette petite augmentation puisse être modulée d'une manière ou d'une autre afin de faire atteindre à l'activité EMG, à un instant donné et de façon précise, une certaine amplitude. Cette amplitude finale de l'EMG serait alors la combinaison de deux éléments : 1) un niveau global déterminé par la fréquence moyenne de décharge intégré sur un certain délai correspondant au délai pic à pic à long terme. 2) à partir de ce niveau global, une valeur plus petite (environ 10% de l'amplitude de l'EMG), le PSF, donnerait la précision finale à l'EMG. Cette hypothèse est tout à fait cohérente avec le fait que l'information à court terme, c'est à dire celle qui modulerait l'amplitude du PSF, ne puisse être comprise de façon indépendante. De manière théorique, on pourrait faire la métaphore suivante sur le fonctionnement du système CM : pour transmettre la valeur de l'EMG, le neurone CM donnerait d'abord la composante des dizaines puis avec un délai plus court avant le moment où cette valeur de l'EMG doit s'exécuter dans le muscle, la composante des unités qui donnerait la précision finale. Nous comprenons ainsi que si dans le message envoyé par le neurone CM, on néglige les unités qui sont donnés à court terme, on perdrait de l'information mais on en conserverait quand même une grande partie. Tandis qu'en négligeant les dizaines, c'est en dire en ne gardant que les unités, on ne pourrait plus rien comprendre au message. Les unités apportent bien de l'information supplémentaire mais cette information n'est pas intelligible de manière indépendante sans les dizaines.

Concernant l'amplitude du PSF, le MPI dans cette théorie représenterait la valeur moyenne des "petites variations" de l'EMG à défaut de représenter le poids synaptique. Le PSF associé à la fréquence moyenne de décharge du neurone formerait un système numérique comme le système décimal, binaire ou hexadécimal en sont d'autres. Ainsi, plus les unités sont grande et plus elles sont informatives. Par exemple dans le système décimal les unités valent 10. Par contre dans le système binaire les unités valent 2. Dans le système décimal les unités sont donc plus informatives que dans le système binaire. Ainsi, utiliser la période à court terme lorsque le MPI est fort offre un gain de performance bien meilleur que lorsque le MPI est faible. Nous sommes donc toujours cohérents avec notre théorie : lorsque le MPI est fort cela implique que négliger l'information à court terme fait perdre bien plus d'information que si le MPI est faible. Or, c'est ce que nous avons, en partie, constaté au chapitre II, lorsque nous avons regardé la relation entre l'erreur de l'activité d'un neurone pour ses différents muscles cible en fonction du MPI. En effet, en ne prenant en compte que la fréquence de décharge, cela revient à peu près au même que de n'utiliser que la période à long terme étant donné qu'elle est liée à la fréquence. Nous avions effectivement constaté que contrairement à l'intuition que nous avions eu en considérant le MPI comme un poids synaptique, l'erreur était plus grande pour les MPI fort que pour les MPI faible. Cette observation est donc aussi cohérente en considérant le MPI comme un gain de précision à court terme.

Un des points commun des articles de Bennett et Lemon de 1994 et 1996 est de montrer que le PSF est loin d'être une mesure stable au cours du temps. Ils démontrent que le PSF est fortement dépendant du type d'activité EMG produite, et ceci de manière stable. Car en sélectionnant une activité EMG particulière, il est possible de retrouver toujours le même niveau de PSF et ce même en prenant à chaque fois très peu de données (Cf. 1996) Car dans l'étude de 1994, l'auteur trouve une variation du PSF en fonction du niveau de l'EMG et dans l'article de 1996, une variation en fonction de la tâche (période de maintien par rapport à la période de mouvement) et en fonction du muscle cible également. Le PSF semble donc plus être une conséquence de l'activité EMG que la cause de ces variations en tant que poids synaptique. Car en voyant le PSF comme cause plutôt que comme une conséquence de l'activité observée, force est de faire intervenir un autre niveau de contrôle qui serait chargé de moduler ce poids synaptique. Proposé par Bennet & Lemon en 1996 comme pouvant être au niveau spinal, ce dernier reste encore à découvrir. Par contre, l'idée inverse considérant le PSF comme une conséquence de l'activité EMG qui est causalement provoquée par les neurones CM est plus simple et élégante. Pour s'en convaincre, il suffirait d'observer les variations de facilitation en fonction de l'environnement en spike de la cellule CM, c'est pourtant ce que Lemon & Lemon avaient déjà réalisé en 1989 et que nous avons poursuivi avec d'autres techniques.

Notre nouvelle hypothèse sur la relation entre la fréquence et le MPI implique que le PSF puisse être modulé par la cellule CM elle-même dans son activité à court terme avant l'instant t. Nous ne pouvons, en effet, pas comprendre comment le PSF pourrait augmenter la précision finale de l'EMG sans cette capacité de modulation de l'amplitude du PSF. Or, le TDMLP a pu apprendre à utiliser cette information à court terme à partir seulement du train de PAs et de rien d'autre. Nous devions pouvoir être en mesure de trouver un codage de l'amplitude du PSF dans le train de PAs CM dans la période à court terme. Ce codage devrait avoir, de plus, la qualité d'être indépendante du codage en fréquence dans la fenêtre à long terme pour pouvoir garantir une transmission correcte de l'information. Nous nous attendions donc à retrouver à court terme un codage indépendant du codage en fréquence, ce qui classiquement devrait être un codage temporel (Abeles et Gerstein, 1988 ; Abeles et al., 1994 ; Gray et al., 1989 ; Prut et al., 1998a ; Singer, 1994b). Nous nous attendions donc à retrouver un codage temporel, c'est à dire des séquences précises de trains de PAs, dans la période à court terme, en relation avec l'amplitude du PSF et le tout indépendant de la fréquence à long terme. C'est ce que nous avons ensuite voulu tester. Parce que le PSF est une valeur moyennée sur plusieurs milliers de PAs, nous avons d'abord dû trouver un moyen de mesurer l'effet PSF après chaque PA. Nous avons pour cela proposé le PSV qui correspond au rapport de l'EMG moyen sur 50ms après un PA divisé par la valeur moyenne de l'EMG sur 50ms avant ce même PA. Nous avons considéré que la valeur moyenne de l'EMG est en relation avec la fréquence tandis que la petite variation de l'EMG serait en relation avec le codage temporel lié au PSF. Le calcul du PSV permettrait de mesurer cette petite variation après chaque spike. Afin de vérifier cette hypothèse nous avons mesuré l'amplitude du PSF en fonction du PSV. Et nous avons effectivement observé des PSF plus grand pour des PSV croissant tandis que les PSF étaient plus petits pour des PSV décroissants. Pour observer l'indépendance entre la fréquence et l'amplitude du PSF nous avons donc mesuré la fréquence moyenne à chaque instant et mis en relation avec l'amplitude du PSV. Nous avons constaté une bonne indépendance des deux, laissant la place à la possibilité d'un codage temporel au niveau de la zone à court terme. Nous avons ensuite recherché si la similarité des trains de PAs augmentait à court terme. La similarité des trains de PAs va de pair avec une plus grande précision de décharge d'un neurone. En effet, cette similarité diminue à mesure que l'on s'éloigne dans le temps et ceci même pour un train de PAs semi-aléatoire Poissonien. Explications : un neurone décharge à une certaine fréquence moyenne avec une petite erreur de précision sur chaque spike. Ainsi, la position du premier spike est la plus précise, puis à mesure que le neurone décharge, la position exacte de ce premier spike se perd à cause de l'erreur qui s'accumule de spike en spike. D'autres études (Brugge et al., 1996 ; Fetz et Finocchio, 1975 ; Furukawa et Middlebrooks, 2002 ; Gawne, 2000 ; Gawne et al., 1996 ; Reich et al., 2001) ont montré l'importance relative de ce premier spike par rapport aux suivants dans un train de PAs. Avec notre calcul de la similarité en fonction du temps, nous comprenons que la position des suivants est de plus en plus incertaine à mesure de l'accumulation de l'erreur. Il devient alors plus logique dans ces conditions de retrouver un codage en fréquence à long terme. Nous en avons une explication physique : après un certain temps, la position précise des spikes est trop incertaine, seule reste encore le nombre.

Nous savons alors que nous sommes dans des conditions optimales pour retrouver un codage temporel à court terme. En calculant des autocorrélogrammes en fonction de l'amplitude du PSV, nous avons pu identifier des séquences précises de spikes en fonction de l'amplitude du PSV. Comme prévu, l'élément le plus corrélé au PSV s'est retrouvé être le premier spike dans le train avant ou après le spike trigger. Nous avons alors cherché à valider les trains de PAs trouvés de deux façons distinctes. La première a consisté à réutiliser les TDMLP entraînés précédemment et à leur donner en entrée les trains de PAs synthétiques déterminés à l'aide des autocorrélogrammes. Nous avons observé que les trains de PAs synthétiques issues des PSV décroissants avaient tendance à produire des PSV synthétiques, par le TDMLP, plus faibles que les trains synthétiques issus des autocorrélogrammes liés aux PSV croissants. Nous avons ensuite tenté de retrouver dans le train de PAs original les patrons synthétiques. Nous avons retrouvé les patrons synthétiques décroissants associés à des PSV plus faibles que les patrons synthétiques croissant.

Plusieurs études avaient déjà révélé des occurrences de séquences précises de spikes (SPS) et les avaient misent en relation avec des effets comportementaux. C'est le cas de l'équipe de Prut et al (Prut et al., 1998b) qui ont entrainé 2 singes à réaliser un paradigme de réponse différé et à ouvrir des boites à secrets. Ils ont parallèlement enregistré des activités extracellulaires de neurones des aires prémotrices et frontales. A la différence de la détection des patrons, basée sur des autocorrellogrammes, Prut et al ont définis très précisément ce qu'est un SPS. Et ils l'ont défini par une série de 3 spikes et de 2 intervalles avec une précision de ś1 ms répété significativement. C'est-à-dire, répétés plus souvent que ce qui pourrait être attendu de façon aléatoire. C'est-à-dire que la séquence peut être produite par plus d'un neurone. Les auteurs observent une augmentation du nombre d'occurrence de SPS pour toute une série de manifestations comportementale. Et certains des patrons trouvés présentent même des spécificités pour certains types de comportements particuliers. Ce qui laisse présager de leur contenu informationnel. Les auteurs ont de plus observé une dissociation entre la fréquence de décharge du train de PAs complet et le nombre d'occurrence du SPS. Montrant une indépendance entre le codage en fréquence et en temporel, Riehle et al (Riehle et al., 1997a) avaient déjà trouvé des résultats similaires mais avec des événements unitaires (UE) qui sont des synchronies inattendues, plutôt qu'avec des SPS. Les UEs sont considérés par l'équipe de Riehle (Grammont et Riehle, 2003 ; Riehle et al., 2000) comme la marque d'une sous-population de neurones actuellement impliquée dans une assemblée cellulaire (cell-assemblie). Les UE sont apparues groupés sous la forme de clusters et ces clusters se sont révélés temporellement liés à des événements comportementaux. La fréquence de décharge, dans ce cas, décorrélé des occurrences d'apparitions des événements temporels unitaires codent chacun des informations différentes. L'information sur le stimulus est portée par les UE tandis que la fréquence peut être liée à la motivation de l'animal à répondre. Riehle et

collègues ont utilisés des techniques pour réduire le train de PAs originel en dé-
tectant des événements statistiquement inattendus. Dans ces 2 articles, ils ont
montré que ces événements apparaissaient de manière temporellement corrélée
à des événements comportementaux. Il manquait néanmoins une explication
permettant de préciser comment ces nouvelles dimensions de codage temporel
pourraient s'implémenter en termes de codage dans une théorie plus globale.

Bien que nous proposions une interprétation du codage du contenu informationnel de nos patrons trouvés dans les neurones CM, il nous restait à les lier
aux comportements moteurs du singe.

Nous avions trouvé à ce stade des indices supplémentaires confirmant notre
théorie liant le codage en fréquence à long terme pour les grandes variations de
l'EMG et un codage temporel pour les petites variations de l'EMG. Nous avons
ensuite voulu voir si le codage temporel avait une relation avec la tâche ou non.
Nous avons alors trouvé que le codage temporel était davantage utilisé pendant
la période de maintien de la pression entre les doigts du singe que pendant les
périodes de mouvement. Cette observation allait de pair avec l'observation d'un
plus grand nombre de synchronies observé pendant la même période (Baker
et al., 2001; Jackson et al., 2003). Ils avaient observé d'avantage de synchronies pendant la période hold en particulier pour les neurones CM possédant
les mêmes muscles cibles. Ils en avaient conclu que la synchronie est un moyen
pour le système nerveux de définir dynamiquement des assemblées de neurones.
D'après nos données, une hypothèse alternative serait que si on trouve davantage de synchronies pendant la période de maintien, cela pourait être lié au fait
qu'on trouve des occurences de SPS plus fréquemment pendant cette période.
En effet, si les neurones CM s'efforcent tous de produire le même train précis
de spike pour définir un certain niveau de PSF pour un muscle particulier, il
n'est alors plus étonnant de retrouver des synchronies parmi les neurones CM
ayant les mêmes muscles cibles. Ceci est en accord avec la détection de SPS
sur des autocorrélogrammes. De plus, les propriétés de décharge des neurones
CM telles que constatés sur les autocorrélogrammes ne peuvent être présentes
à chaque instant au niveau du motoneurone que si une assemblée de neurones

CM similaires s'efforce de produire le même signal : ils deviennent ainsi synchronisés. Ce ne serait donc pas la synchronie qui formerait des assemblées de neurones dynamiques, mais la connectivité qui imposerait aux neurones d'avoir des activités similaires et serait en conséquence plus synchrones.

Comment de façon biologique est-il possible de décoder un signal aussi complexe que le train de PAs CM comprenant une combinaison de codage en fréquence et temporel ? En se basant sur l'équation d'un codage temporel pur, un codage en fréquence n'est dans ce contexte qu'un cas particulier de codage temporel, nous voyons qu'une équation de ce type peut être implémentée biologiquement très simplement par sommation temporelle. Cette sommation temporelle est certainement réalisée au niveau des motoneurones. Nous avons donc proposé comme modèle un réseau de neurones formels où chaque unité TempUnit, réalise une sommation temporelle de son potentiel post-spike (PPSE ou PPSI) qui est par définition déclenché par l'arrivée d'un potentiel d'action. La particularité de ce réseau est que la forme des potentiels peut être apprise simplement par la résolution d'un système d'équations linéaires surdimensionné. Nous avons donc appris les coefficients des potentiels des TempUnit afin de prédire l'activité EMG à partir de l'activité CM, comme nous l'avions fait avec le TDMLP au chapitre III. Nous avons obtenu des performances d'apprentissage bien meilleures avec TempUnit qu'avec le TDMLP. Et ceci avec un nombre de paramètres 15 fois moins important. La complexité de l'algorithme d'apprentissage, couplé à un nombre excessif de paramètres sont surement la cause de la faible performance trouvée du TDMLP. Nous pensons aussi que l'inspiration biologique du TempUnit a sans doute joué en sa faveur à la vue des bonnes performances obtenues. La supériorité de TempUnit ne se limite pas seulement aux performances d'apprentissage puisqu'il est aussi possible, contrairement à TDMLP de calculer simplement la fonction inverse. Nous avons démontré le procédé en calculant l'activité de trois neurones CM à partir de l'activité EMG d'un de leurs muscles cibles commun. Nous avons trouvé des activités CM compatibles avec les activités réelles biologiques. De plus, nous avons trouvé une performance inférieure à celle à laquelle on aurait pu s'attendre on combinant les performances individuelles d'apprentissage du TempUnit sur chacun de ces trois neurones. Ceci révèle un certain niveau de redondance dans l'information contenue dans ces trois neurones. En utilisant maintenant TempUnit comme référence, sans redondance inutile, il suffirait de seulement 4 à 6 neurones CM dans une colonie pour contrôler l'EMG d'un muscle. Or nous constatons qu'il existe de nombreuses redondances. Mais ces redondances sont très utiles considérant que chaque neurone biologique est peu fiable. Il est sujet à des erreurs de timing dans sa décharge de spikes.

Le modèle TempUnit, par le simple fait qu'il possède un potentiel membranaire qui est sommé temporellement, est un générateur de pattern. Lorsqu'un réseau TempUnit aura appris un type de signal, il ne pourra produire que des signaux de ce types. Quelque soit l'entrée qu'on lui donne, il ne pourra sortir des cycles d'activités définis par sa fonction de base. Un réseau TempUnit ayant appris à générer des EMG valides ne pourrait donc faire que produire des EMG cohérents. Nous voyons ainsi une manière simple d'implémenter la théorie du modèle interne de Kawato avec ce type de réseau. Nous avons donc au cours de cette thèse validé plusieurs principes de codage de l'information par des neurones du cortex. Nous voyons aussi comment par le principe simple de sommation temporelle il est en mesure de stocker dans le potentiel de membrane des neurones biologiques un modèle interne de génération de formes temporelles.

6.1 Continue Reading and New developpements on Internet : http ://www.tempunit.org

Chapitre 7

Bibliographie

Abeles, M., 1991. Corticonics : Neural Circuits of the Cerebral Cortex. Cambridge University Press., Cambridge.

Abeles, M. et al., 1995. Cortical Activity Flips among quasi-Stationary States. Proc. Natl. Acad. Sci., 92 : 8616-8620.

Abeles, M. et Gerstein, G., 1988. Detecting Spatiotemporal Firing Patterns among Simultaneously Recorded Single Neurons. J. Neurophysiol., 60 : 909-924.

Abeles, M., Prut, Y., Bergman, H. et Vaadia, E., 1994. Synchronization in Neural Transmission and its Importance for Information Processing. Prog. Brain. Res., 102 : 395-404.

Adrian, E.D. et Zotterman, Y., 1926. The impulses produced by sensory nerve endings. Part.2. The response of a single end organ. J Physiol, 61 : 151-171.

Armand, J., 1982. The origin, course and termination of corticospinal fibers in various mammals. Prog Brain Res., 57 : 329-360.

Armand, J., Olivier, E., Edgley, S.A. et Lemon, R.N., 1997. Postnatal development of corticospinal projections from motor cortex to the cervical enlargement in the macaque Monkey. J Neurosci, 17 : 251-66.

Atkeson, C.G. et Hollerbach, J.M., 1985. Kinematic features of unrestrained vertical arm movements. J Neurosci., 5(9) : 2318-30.

Baker, S.N. et Lemon, R.N., 2000. Precise spatiotemporal repeating patterns in monkey primary and supplementary motor areas occur at chance levels. J Neurophysiol, 84(4) : 1770-80.

Baker, S.N., Spinks, R., Jackson, A. et Lemon, R.N., 2001. Synchronization in monkey motor cortex during a precision grip task. I. Task-dependent modulation in singleunit synchrony. J. Neurophysiol., 85 : 869-885.

Baldi, P. et Heiligenberg, W., 1988. How sensory maps could enhance resolution through ordered arrangements of broadly tuned receivers. Biological Cybernetics, 59 : 313-318.

Ballard, 1986. Cortical connections et parallel processing. Behavioral and Brain Sciences, 9 : 67-120.

Baraduc, P. et Guigon, E., 2002. Population computation of vectorial transformations. Neural Computation, 14(4) : 845-871.

Baraduc, P., Guigon, E. et Burnod, Y., 2001. Recoding arm position to learn visuomotor transformations. Cerebral Cortex, 11(10) : 906-917.

Barlow, H.B., Possible principles underlying the transformation of sensory messages. Sensory Communication, ed. WA Rosenblith, pp. 217-34. Cambridge, MA : MIT Press, 1961.

Barlow, H.B., 1969. Trigger features, adaptation and economy of impulses. Springer- Verlag, New York.

Barlow, H.B., 1972. Single units and sensation : A neuron doctrine for perceptual psychology ? Perception, 1 : 371-394.

Bennett, K.M. et Lemon, R.N., 1994. The influence of single monkey corticomotoneuronal cells at different levels of activity in target muscles. J Physiol., 477(Pt 2) : 291-307.

Bennett, K.M. et Lemon, R.N., 1996. Corticomotoneuronal contribution to the fractionation of muscle activity during precision grip in the monkey. J Neurophysiol., 75(5) : 1826-42.

Bernhard, C.G., Bohm, E. et Petersen, I., 1953. New investigations on the pyramidal system in Macaca mulatta. Experientia, 9(3) : 111-2.

Bizzi, E., Accornero, N., Chapple, W. et Hogan, N., 1984. Posture control and trajectory formation during arm movement. J Neurosci., 4(11) : 2738-44.

Bizzi, E., Polit, A. et Morasso, P., 1976. Mechanisms underlying achievement of final head position. J Neurophysiol., 39(2) : 435-44.

Bremner, F.D., Baker, J.R. et Stephens, J.A., 1991. Variation in the degree of synchronization exhibited by motor unit lying in different finger muscles in man. J. Physiol., 432 : 381-399.

Brugge, J.F., Reale, R.A. et Hind, J.E., 1996. The structure of spatial receptive fields of neurons in primary auditory cortex of the cat. J Neurosci., 16(14) : 4420-37.

Buys, E.J., Lemon, R.N., Mantel, G.W. et Muir, R.B., 1986. Selective Facilitation of different hand muscles by single corticospinal neurones in the conscious monkey. J. Physiol. (Lond.), 381 : 529-549.

Buzsáki, G., 1989. "Two-stage model of memory trace formation : a role for 'noisy' brain states". Neurosci, 31 : 551-70.

Buzsáki, G. et Chrobak, J.J., 1995. Temporal structure in spatially organized neuronal ensembles : a role for interneuronal networks. Current Opin Neurobiol, 5 : 504-10.

Carp, J.S., 1992. Physiological properties of primate lumbar motoneurons. J. Neurophysiol., 68 : 1121-1132.

Chazine, J.M., 1999c. Discovery of new cave paintings in East Kalimantan (Borneo), Indonesia". World Archaeological Bulletin, 9 : 29-32.

Cheney, P.D. et Fetz, E.E., 1980. Functional classes of primate corticomotoneuronal cells and their relation to actie force. J. Neurophysiol., 44 : 773-791.

Cholewo, T.J. et Zurada, J.M., 1998. Exact Hessian Calculation in Feedforward FIR Neural Networks, Proceedings of the IEEE International Joint Conference on Neural Networks, Anchorage, Alaska, USA.

Clough, J.F. et Sheridan, J.D., 1968. A fast pathway for cortical influence of cervical gamma motoneurones in the baboon. J Physiol., 195(2) : 26P-27P.

Colebatch, J.G. et Gandevia, S.C., 1989. The distribution of muscular weakness in upper motor neuron lesions affecting the arm. Brain, 112 : 749-763.

Cope, T.C., Bodine, S.C., Fournier, M. et Edgerton, V.R., 1986. Soleus motor units in chronic spinal transected cats : physiological and morphological alterations. J Neurophysiol., 55(6) : 1202-20.

Darian-Smith, I., Johnson, K.O. et Dykes, R., 1973. "Cold" fiber population innervating palmar and digital skin of the monkey :Responese to cooling pulses. J Neurophysiol, 36(325-346).

Datta, A.K., Farmer, S.F. et Stephens, J.A., 1991. Central nervous pathways underlying synchronization of human motor unit firing studied during voluntary contractions. J. Physiol., 432 : 401-425.

Dornay, M., Kawato, M. et Suzuki, R., 1996. Minimum Muscle-Tension Change Trajectories Predicted by Using a 17-Muscle Model of the Monkey's Arm. J Mot Behav., 28(2) : 83-100.

Dum, R. et Strick, P., 1991. The origin of corticospinal projections from the premotor areas of the frontal lobe. J Neurosci., 11 : 667-689.

Eccles, J.C., 1957. The Physiology of Nerve Cells :. John Hopkins Press.

Evarts, E.V., 1981. Role of motor cortex in voluntary movements in primates. In : V.B. Mountcastle (Editor), Handbook of Physiology - the Nervous System II. American Physiological Society, Bethesda, Maryland, pp. 1083-1120.

Feldman, A.G., 1986. Once more on the equilibrium-point hypothesis (lambda model) for motor control. J Mot Behav., 18(1) : 17-54.

Feldman, A.G., Adamovich, S.V. et Levin, M.F., 1995. The relationship between control, kinematic and electromyographic variables in fast single-joint movements in humans. Exp Brain Res., 103(3) : 440-50.

Fellous, J.M., Tiesinga, P.H., Thomas, P.J. et Sejnowski, T.J., 2004. Discovering spike patterns in neuronal responses. J Neurosci.

Fetz, E.E. et Cheney, P.D., 1979. Muscle fields and response properties of primate corticomotoneuronal cells. Prog. Brain Res., 50 : 137-146.

Fetz, E.E. et Cheney, P.D., 1980. Post-spike facilitation of forelimb muscle activity by primate corticomotoneuronal cells. J. Neurophysiol., 44 : 751-772.

Fetz, E.E., Cheney, P.D. et German, D.C., 1976. Corticomotoneuronal connections of precentral cells detected by post-spike averages of EMG activity in behaving monkeys. Brain Res., 114 : 505-510.

Fetz, E.E., Cheney, P.D., Mewes, K. et Palmer, S., 1989. Control of forelimb muscle activity by populations of corticomotoneuronal and rubromotoneuronal cells. Prog. Brain Res., 80 : 437-448.

Fetz, E.E. et Finocchio, D.V., 1975. Correlations between activity of motor cortex cells and arm muscles during operantly conditioned response patterns. Exp Brain Res, 23(3) : 217-40.

Fetz, E.E., Perlmutter, S.I., Maier, M.A., Flament, D. et Fortier, P.A., 1996. Response patterns and postspike effects of premotor neurons in cervical spinal cord of behaving monkeys. Can. J. Physiol. Pharmacol., 74(4) : 531-546.

Flanagan, J.R., Ostry, D.J. et Feldman, A.G., 1993. Control of Trajectory Modifications in Target-Directed Reaching. J Mot Behav., 25(3) : 140-152.

Flanders, M. et Hermann, U., 1992. Two components of Muscle Activation : Scaling with the speed of arm movement. Journal of Neurophysiology, 67(4) : 931-943.

Flash, T., 1987. The control of hand equilibrium trajectories in multi-joint arm movements. Biol Cybern., 57(4-5) : 257-74.

Furukawa, S. et Middlebrooks, J.C., 2002. Cortical representation of auditory space : information-bearing features of spike patterns. J Neurophysiol., 87(4) : 1749-62.

Galea, M.P. et Darian-Smith, I., 1995. Postnatal maturation of the direct corticospinal projections in the macaque monkey. Cereb Cortex, 5 : 518-40.

Gawne, T.J., 2000. The simultaneous coding of orientation and contrast in the responses of V1 complex cells. Exp Brain Res., 133(3) : 293-302.

Gawne, T.J., Kjaer, T.W. et Richmond, B.J., 1996. Latency : another potential code for feature binding in striate cortex. J Neurophysiol, 76 : 1356 - 1360.

Georgopoulos, A., Lurito, J., Petrides, M., Schwartz, A. et Massey, J., 1989. Mental rotation of the neuronal population vector. Science, 243 : 234-236.

Georgopoulos, A.P., Kalaska, J.F., Caminiti, R. et Massey, 1982. On the relation between the two-dimensional arm movements and cell discharge in primate motor cortex.

J Neurosci, 2 : 1527-1537. Gomi, H. et Kawato, M., 1996. Equilibrium-point control hypothesis examined by measured arm stiffness during multijoint movement. Science, 272(5258) : 117-20.

Grammont, F. et Riehle, A., 2003. Spike synchronization and firing rate in a population of motor cortical neurons in relation to movement direction and reaction time. Biol Cybern., 88(5) : 360-73.

Gray, C.M., König, P., Engel, A.K. et Singer, W., 1989. Oscillatory responses in cat visual cortex exhibit inter-columnar synchronization which reflects global stimulus properties. Nature, 388 : 334-337.

Gribble, P.L., Ostry, D.J., Sanguineti, V. et Laboissiere, R., 1998. Are complex control signals required for human arm movement ? J Neurophysiol., 79.(3) : 1409-24.

Guigon, E. et Baraduc, P., 2002. A neural model of perceptual-motor alignment. Journal of Cognitive Neuroscience, 14(4) : 538-549.

Hastie, T., Tibchiriani, R. et Friedman, F., 2001. The Elements of statistical learning : Data Mining, Inference and Prediction. New-York : Springer-Verlag.

He, S., Dum, R. et Strick, P., 1993. Topographic organization of corticospinal projections from the frontal lobe : motor areas on the lateral surface of the hemisphere. J Neurosci., 13 : 952-98.

He, S., Dum, R. et Strick, P., 1995. Topographic organization of corticospinal projections from the frontal lobe : motor areas on the medial surface of the hemisphere. J Neurosci., 15 : 3284-3306.

Heffner, R. et Masterton, B., 1975a. Variation in form of the pyramidal tract and its relationship to digital dexterity. Brain Behav Evol., 12(3) : 161-200.

Heffner, R.S. et Masterton, R.B., 1975b. Variation in form of the pyramidal tract and its relationship to digital dexterity. Brain Behav. Evol., 12 : 161-200.

Heffner, R.S. et Masterton, R.B., 1983. The role of the corticospinal tract in the evolution of human digital dexterity. Brain Behav. Evol., 23 : 165-183.

Hepp-Reymond, M.-C., 1988. Functional organization of motor cortex and its participation in voluntary movements. In : L. Alan (Editor), Comparative Primate Biology, New York.

Herz, A.V.M., 1991. Global analysis of parallel analog networks with retarded feedback. Phys. Rev., A(44) : 1415-1418.

Hestrin, S., 1992. Activation and desensitization of glutamate-activated channels mediating fast excitatory synaptic currents in the visual cortex. Neuron, 9 : 991-9.

Hoffer, J.A. et al., 1987. Cat hindlimb motoneurons during locomotion. II. Normal activity patterns. J. Neurophysiol., 57(2) : 530-553.

Hopfield, J.J., 1995. Pattern recognition computation using action potential timing for stimulus representation. Nature, 376 : 33-6.

Jackson, A., Gee, V.G.J., Baker, S.N. et Lemon, R.N., 2003. Synchrony between neurons with similar muscle fields in monkey motor cortex. Neuron, 38(1) : 115-125.

Jankowska, E., Padel, Y. et Tanaka, R., 1976. Disynaptic inhibition of spinal motoneurones from the motor cortex in the monkey. J Physiol., 258(2) : 467-87.

Jeannerod, M., Michel, F. et Prablanc, C., 1984. The control of hand movements in a case of hemianaesthesia following a parietal lesion. Brain, 107(Pt 3) : 899-920.

Jefferys, J.G., Traub, R.D. et Whittington, M.A., 1996. Neuronal networks for induced '40 Hz' rhythms. Trends Neurosci, 5 : 202-8 109.

Joliot, M., Ribary, U. et Llinás, R., 1994. Human oscillatory brain activity near 40 Hz coexists with cognitive temporal binding. Proc Natl Acad Sci U S A, 91 : 11748-51.

Jones, E. et Wise, S., 1977. Size, laminar and columnar distribution of efferent cells in the sensory-motor cortex of monkeys. J Comp. Neurol., 175 : 391-438.

Kalaska, J.F. et Crammond, D.J., 1992. Cerebral cortical mechanisms of reaching movements. Science, 255 : 1517-1523.

Kasser, R.J. et Cheney, P.D., 1985. Characteristics of corticomotoneuronal postspike facilitation and reciprocal suppression of EMG activity in the monkey. J. Neurophysiol., 53 : 959-978.

Kawato, M., 1999. Internal models for motor control and trajectory planning. Curr Opin Neurobiol., 9(6) : 718-27.

Kawato, M., Furukawa, K. et Suzuki, R., 1987. A hierarchical neural-network model for control and learning of voluntary movement. Biol Cybern., 57(3) :

169-85.

Kawato, M., Isobe, M., Maeda, Y. et Suzuki, R., 1988. Coordinates transformation and learning control for visually-guided voluntary movement with iteration : a Newtonlike method in a function space. Biol Cybern., 59(3) : 161-77.

Kleinfeld, D., 1986. Sequential state generation by model neural networks. Proc. Natl Acad. Sci., 83 : 9469-9473.

Knight, B.W., 1972. The relationship between the firing rate of a single neuron and the level of activity in a population of neurons. Experimental evidence for resonant enhancement in the population response. J Gen Physiol, 59 : 767-78.

Kohn, A.F. et Vieira, M.F., 2002. Optimality in the encoding/decoding relations of motoneurones and muscle units. BioSystems, 67 : 113-121.

Konig, P., Engel, A.K. et Singer, W., 1996. Integrator or coincidence detector ? The role of the cortical neuron revisited. TINS, 19 : 130-7.

Lawrence, D.G. et Hopkins, D.A., 1976. The development of motor control in the rhesus monkey : evidence concerning the role of corticomotoneuronal connections. Brain, 99(2) : 235-54.

Lawrence, D.G. et Kuypers, H.G., 1968. The functional organization of the motor system in the monkey. I. The effects of bilateral pyramidal lesions. Brain, 91(1) : 1- 14.

Lemon, R.N., 1993. Cortical control of the primate hand. Experimental Physiology, 78 : 263-301.

Lemon, R.N., Mantel, G.W. et Muir, R.B., 1986. Corticospinal facilitation of hand muscles during voluntary movement in the conscious monkey. J. Physiol., 381 : 497-527.

Lisman, J.E. et Idiart, M.A., 1995. Storage of 7 +/- 2 short-term memories in oscillatory subcycles. Science, 267 : 1512-5. MacKenzie, C. et Iberall, T., 1994. The Grasping Hand, Amsterdam North-Holland.

Maier, M.A., Bennett, K.M., Hepp-Reymonf, M.C. et Lemon, R.N., 1993. Contribution of the monkey corticomotoneuronal system to the control of force in precision grip. J. Neurophysiol., 69 : 772-785.

Mainen, Z.F. et Sejnowski, T.J., 1995. Reliability of spike timing in neocortical neurons. Science, 268 : 1503-1506.

Manette, O.F. et Maier, M.A., 2004. Temporal processing in primate motor control : relation between cortical and EMG activity. IEEE Trans Neural Netw., 15(5) : 1260-7.

Manette, O.F. et Maier, M.A, 2006. TempUnit : A bio-inspired neural network model for signal processing. IEEE IJCNN 2006 pp 5783-5790.

McKiernan, B., Marcario, J., Karrer, J. et Cheney, P.D., 2000. Correlations Between corticomotoneuronal (CM) cell postspike effects and cell-targer muscle covariation.

J. Neurophysiol., 83 : 99-115. Muir, R.B. et Lemon, R.N., 1983. Corticospinal neurons with a special role in precision grip. Brain. Res., 261 : 312-316.

Nagai, T., Yamamoto, T., Katayama, H., Adachi, M. et Aihara, K., 1992. A novel method to analyze response patterns of taste neurons by artificial neural networks. Neuroreport, 3(9) : 745-748.

Nguyen, D., et Widrow, B., Improving the Learning Speed of 2-layer Neural Networks by Choosing Initial Value of the Adaptive Weights, Proc. of International Joint Conf. on Neural Networks, Vol.3, 21-26, 1990.

Olivier, E., Edgley, S.A., Armand, J. et Lemon, R.N., 1997. An electrophysiological study of the postnatal development of the corticospinal system in the macaque monkey. J Neurosci, 17 : 267-76.

Phillips, C.G. et Porter, R., 1977. Corticospinal neurons : their role in movement. Academic Press, London. Poggio, T. et Bizzi, E., 2004. Generalization in vision and motor control. Nature, 431(7010) : 768-74.

Porter, R. et Lemon, R.N., 1993. Corticospinal function and voluntary movement., 45. Oxford University Press, Oxford UK.

Pouget, A., Zhang, K., Deneve, S. et Latham, P., 1998. Statistically efficient estimation using population coding. Neural Computation, 10(2) : 373-401.

Powers, R.K. et Binders, M.D., 2001. Input-output functions of mammalian motoneurons. Rev. Physiol. Biochem. Pharmacol., 143 : 137-263.

Prut, Y. et al., 1998a. Spatiotemporal structure of cortical activity : properties and behavioral relevance. J Neurophysiol, 79(6) : 2857-74.

Prut, Y. et al., 1998b. Spatiotemporal Structure of Cortical Activity : Properties and Behavioral Relevance. Journal of Neurophysiology, 79 : 2857-2874.

Raibert, M.H., 1978. A model for sensorimotor control and learning. Biol Cybern., 29(1) : 29-36.

Reich, D.S., Mechler, F. et Victor, J.D., 2001. Temporal coding of contrast in primary visual cortex : when, what, and why. J Neurophysiol., 85(3) : 1039-50.

Riehle, A., Grammont, F., Diesmann, M. et Grun, S., 2000. Dynamical changes and temporal precision of synchronized spiking activity in monkey motor cortex during movement preparation. J Physiol Paris., 94(5-6) : 569-82.

Riehle, A., Grun, S., Diesmann, M. et Aertsen, A., 1997a. Spike synchronization and rate modulation differentially involved in motor cortical function. Science, 278(5345) : 1950-3.

Riehle, A., Grün, S., Diesmann, M. et Aertsen, A., 1997b. Spike synchronization and rate modulation differentially involved in motor cortical function. Science, 278 : 1950- 1953.

Rieke, F., Warland, D., De Ruyter Van Steveninck, R. et W., B., 1996. Characterizing the neural response, Spikes. MIT Press, Cambridge, MA.

Rosenblatt, F. 1958. The perceptron : a probabilistic model for information storage and organization in the brain. Psychol Rev. 1958 Nov ; 65(6) :386-408.

Salinas, E. et Abbott, L., 1994. Vector reconstruction from .ring rates. Journal of Computational Neuroscience,, 1 : 89-107.

Salinas, E. et Abbott, L., 1995. Transfer of coded information from sensory to motor networks. Journal of Neuroscience, 15(10) : 6461-6474.

Schieber, M., 2002. Training and synchrony in the motor system. The Journal of Neuroscience, 22(13) : 5277-5281.

Schweighofer, N., Arbib, M.A. et Kawato, M., 1998. Role of the cerebellum in reaching movements in humans. I. Distributed inverse dynamics control. Eur J Neurosci., 10(1) : 86-94.

Seung, H. et Sompolinsky, H., 1993. Simple models for reading neuronal population codes. Proceedings of the National Academy of Science USA, 90 : 10749-10753.

Sherrington, C.S., 1906. Integrative Action of the Nervous System : Yale University Press. 8

Singer, W., 1993. Synchronization of cortical activity and its putative role in information processing and learning. Ann Rev Physiol, 55 : 349-74.

Singer, W., 1994a. Coherence as an organizing principle of cortical functions. International Review of Neurobiology, 37 : 153-83 et 203-7.

Singer, W., 1994b. Time as Coding Space in Neocortical Processing : A Hypothesis. In : G.e.a. Buzsaki (Editor), Temporal Coding in the Brain. Springer Verlag, Berlin Heidelberg.

Singer, W. et Gray, C.M., 1995. Visual feature integration and the temporal correlation hypothesis. Ann Rev Neurosci, 18 : 555-86.

Skaggs, W.E. et McNaughton, B.L., 1996. Replay of neuronal firing sequences in rat hippocampus during sleep following spatial experience. Science, 271 : 1870-3.

Smith, W.S. et Fetz, E.E., 1989. Effects of synchrony between primate corticomotoneuronal cells on post-spike facilitation of muscles and motor units. Neurosci. Lett., 96 : 76-81.

Snippe, H., 1996. Parameter extraction frompopulation codes :A critical assessment. Neural Computation, 8(3) : 511-529.

Sompolinsky, H. et Kanter, I., 1986. Temporal association in asymmetric neural networks. Phys. Rev. Lett., 57 : 2861-2864.

Tubiana, R., 1981. The Hand. WB Saunders, Philadelphia.

Von der Malsburg, C. et Bienenstock, E., 1986. A neural network for the retrieval of superimposed connection patterns. Europhys Lett, 3 : 1243-1249.

Waibel, A., Hanazaqa, T., Hinton, G., Shikano, K. et Lang, K., 1989. Phoneme recognition using time-delay neural networks. IEEE Trans. on Acoustics, Speech, and Signal Processing, 37(3) : 328-339.

Wan, E., 1990. Temporal backpropagation for FIR neural networks, International Joint Conference on Neural Networks, San Diego, pp. 575-580.

Wan, E., 1993. Time series prediction using a neural network with distributed time delays. In : Addison-Wesley (Editor), Proceedings of the NATO Advanced Research Workshop on Time Series Prediction and Analysis. A. Weigend et N. Gershenfeld, Santa Fe, New Mexico.

Wilson, M. et McNaughton, B., 1993. Dynamics of the hippocampal ensemble code for space. Science, 261 : 1055-1058.

Zhang, K., Ginzburg, I., McNaughton, B. et Sejnowski, T., 1998. Interpreting neuronal population activity by reconstruction : Unified framework with application to hippocampal place cells. Journal of Neurophysiology, 79(2) : 1017-1044.